Annette Schmitt

Englische Bulldogge

Premium Ratgeber

unter Mitarbeit von
Martina Dörr

bede bei Ulmer

Inhalt

6 Basics
- 6   Von den Ursprüngen zur Reinzucht
- 9   Rassestandard
- 15 Verhalten und Charakter
- 20 Die Englische Bulldogge heute

22 Vorüberlegungen und Anschaffung
- 22 Anforderungen an den Halter
- 26 Welpe oder erwachsener Hund?
- 28 Rüde oder Hündin?
- 31 Ein Hund aus dem Tierheim
- 32 Auswahl von Züchter und Hund
- 34 Welches Zubehör ist nötig?
- 36 *EXTRA*: Das richtige Hundespielzeug
- 38 Welpensicheres Zuhause

Inhalt

40	**Haltung**
40	Die ersten Tage daheim
44	Sozialisierung
48	EXTRA: Welpenspielplatz zu Hause
51	Erste Erziehungsschritte
66	Pflege
74	Ernährung
78	EXTRA: Elf goldene Futterregeln
80	Ausstellungen
83	**Freizeitpartner Hund**
83	Begleiter in Freizeit und Alltag
97	Urlaub
103	**Gesundheit**
103	Vorsorge
107	Bekannte Krankheitsbilder
110	Alternative Heilmethoden
113	**Die ältere Englische Bulldogge**
113	Was ändert sich im Alter?
121	Abschied
123	**Hilfreiche Adressen**
124	**Dank**
125	**Register**

Basics

Von den Ursprüngen zur Reinzucht

Ursprünglich wurde die Englische Bulldogge als Wach- und Treibhund gezüchtet, aber auch bei der Jagd eingesetzt.

Von den Ursprüngen zur Reinzucht

Schriftlichen Aufzeichnungen zufolge soll die Englische Bulldogge aus einer verkleinerten Form des alten Mastiffs entstanden sein. Somit reicht die Geschichte der Rasse bis zu den Kelten zurück, die zusammen mit ihren Hunden vom Festland auf die britischen Inseln kamen. Die Urahnen der heutigen Englischen Bulldogge bewachten damals Haus und Hof.

Auch als Wächter und Treiber von Rinderherden machten sich die robusten Vierbeiner einen Namen. Außerdem gingen sie mit Adeligen zur Jagd auf Wildschwein, Auerochse und Bär. Ihr Mut war legendär: sie fürchteten sich vor nichts und niemandem. Bei der Jagd wurden zweierlei Hundetypen eingesetzt: einfache Bauernhunde mussten das Wild aufspüren und stellen, während die Weidmänner hoch zu Ross mit ihren noch angeleinten Doggen hinterher ritten. Als die Reiter nun ihre Vierbeiner von der Leine ließen, stürzten diese sich auf das Wild und hielten es fest bis die Jäger das Tier gefahrlos mit dem Speer töten konnten. Aufgrund dieser forschen Arbeitsweise nannte man solche Hunde auch „Packer" oder „Sauhunde". Mit der Einführung von Feuerwaffen änderte sich die Jagdweise schnell; dadurch wurden die „Packer" im Revier überflüssig. Trotzdem wollte der Adel nicht auf das Schauspiel der an Wild arbeitenden „Sauhunde" verzichten. Daher veranstaltete die vornehme Gesellschaft nun Hetzen auf gefangene Bären und Keiler. Auch das einfache Volk war von den Schaukämpfen begeistert und hetzte die Hunde bald auf wesentlich billiger zu haltende Bullen. Hierfür eigneten sich am besten kleinere, kräftige, aber trotzdem wendige Vierbeiner, die den Stier flink an der Nase packen und festhalten mussten. Für das sogenannte Bull-Baiting wurden bereits erste Bulldoggen mehr oder weniger systematisch gezüchtet, die allerdings kaum Ähnlichkeit mit dem heutigen Schlag aufwiesen.

Die Bullenhetze war bis ins 19. Jahrhundert eine beliebte Volksbelustigung. 1835 erließ die Obrigkeit schließlich ein Verbot dieses grausamen Schauspiels. Stattdessen kamen blutige Hundekämpfe in Mode. Für diesen Zweck kreuzte man in die alten Bulldoggenstämme Terrier mit ein, die neben einem zierlicheren Körperbau zusätzliche Schärfe mitvererbten. 1858 verbot das Parlament auch diese Kämpfe; unter Ausschluss der Öffentlichkeit führten die Kampfhundanhänger jedoch weiterhin im Verborgenen ihre grausamen Veranstaltungen durch. Durch das Verbot der Hundekämpfe veränderte sich das Zuchtziel entscheidend. Nicht nur das Aussehen der Vierbeiner wandelte sich komplett, immerhin wiesen die

Die friedfertige Bulldogge von heute kämpft nur noch um Streicheleinheiten und Schmusestunden.

kämpfenden Bulldoggen noch relativ lange Schnauzen auf, auch das Wesen der Hunde nahm eine entscheidende Wende und so wurde aus dem rauflustigen und scharfen Bulldog bald ein äußerst gutmütiger und liebenswerter Gefährte der ärmeren Bevölkerung.

Der moderne Bulldoggen-Typ entsteht

Nachdem Tierkämpfe gesetzlich verboten waren, ging die Bulldoggenzucht zunächst deutlich zurück. Vor allem bei der gehobenen Bevölkerung geriet der Bulldog in Verruf, denn er galt als der Hund von Zuhältern, Raufern, Schaustellern und fahrenden Komödianten. Trotzdem gab es einige Anhänger der Rasse, die den Vierbeinern fördern und züchterisch ein neues Image verleihen wollten. So gründete Bill George einen der ersten, bedeutenden Zwinger, die Bulldoggen nicht zu Kampfzwecken züchteten. Seine Hunde prägten ganz entscheidend das Bild der modernen

Die Hundeausstellungen, die immer häufiger veranstaltet wurden, trugen erheblich zur Rettung der Hunderasse bei.

Bulldogge. Auch die nun immer mehr in Mode kommenden Hundeausstellungen trugen maßgeblich zur Rettung der Hunderasse bei. 1860 wurde in Birmingham erstmals eine eigene Klasse für Bulldogs gerichtet. Manche Ausstellungsleiter weigerten sich jedoch immer noch, dem verachteten Vierbeiner Zutritt zu gewähren. Anfangs teilte man die Bulldogen in zwei Gewichtsklassen ein. Die Leichtgewichte (unter 18 Pfund) verschwanden allerdings rasch wieder.

Der erste, 1864 ins Zuchtbuch eingetragene Rüde namens „Adam" wog 30 Pfund. 1865 erstellte Sam Wikkens, besser bekannt unter dem Namen „Philo Kuôn", anhand eines Gemäldes aus dem Jahre 1816, das die Hunde „Crib" und „Rosa" zeigt, einen ersten Standard.

Die Stammbäume wurden zunächst nur mündlich überliefert. Üblicherweise trug jeder

Durch das Verbot der Hundekämpfe veränderte sich das Zuchtziel entscheidend und so wurde aus dem rauflustigen und scharfen Bulldog bald ein äußerst gutmütiger und liebenswerter Gefährte.

Von den Ursprüngen zur Reinzucht

Hund auch mehrere Namen: zum Rufnamen kam beispielsweise noch der Name des Eigentümers, der Namen eines bekannten Vorfahren und ein Übername.

Als wertvolle Stammmutter der Bulldoggen-Zucht entpuppte sich die Hündin „Zigeunerin", die zunächst einem Schausteller und später einem Metzgermeister gehörte.

Züchterisch gingen die Meinungen über den anzustrebenden Typ anfangs weit auseinander.

Schließlich einigte man sich auf folgende Rassemerkmale: breiter Kopf, kurze Nase, Vorbiss, breite Brust und athletischer Körperbau. Allerdings begann hierbei bald eine starke züchterische Übertreibung, die teilweise sogar in Tierquälerei gipfelte. So gab es Ende des 19. Jahrhunderts immer wieder Züchter, die Welpen mit Gummibändern ein Stück Holz auf die Schnauze pressten, um möglichst kurze Nasen und aufgebogene Unterkiefer zu erhalten. Offiziell war diese Methode jedoch nicht erlaubt. Daher mussten Bulldoggen auf den damaligen Ausstellungen stets von einem Tierarzt begutachtet werden, der feststellen sollte, ob Kiefer und Nase der Hunde künstlich geformt wurden.

Schönheitsideal mit fatalen Folgen

1875 gründete sich der „New Bulldog Club". Siebzehn Jahre später entstand zusätzlich der „British Bulldog Club". Beide hatten das Bestreben, die Bulldoggen-

Züchterisch gingen die Meinungen über den anzustrebenden Typ anfangs weit auseinander.

In Großbritannien mauserte sich die zwar etwas mürrisch dreinblickende, aber äußerst gutmütige Englische Bulldogge rasch zum Nationalhund.

Zucht zu erhalten und zu verbessern. Dies versuchte man vor allem durch Einkreuzungen anderer Hunde wie beispielsweise spanische Bulldogs.

Der wichtigste Deckrüde aus den Anfängen der Reinzucht war „King Dick". Er prägte das Bild der modernen Bulldogge ganz wesentlich mit. Einer seiner Nachkommen, nämlich der dunkel gestromte Rüde „Crip", wird von den Engländern als der „Erzvater" des heutigen Bulldogs angesehen. Rasch mauserte sich die zwar etwas mürrisch dreinblickende, aber äußerst gutmütige Englische Bulldogge in Großbritannien zum Nationalhund.

In Deutschland gründete sich 1901 der erste Club für Englische Bulldogs. Zusätzlich entstand 1976 der Deutsche Club für Englische Bulldogs. Nur ein Jahr später schlossen sich beide Vereine zum „Allgemeinen Club für Englische Bulldogs e. V. (ACEB)" zusammen.

Basics

Bis Ende des Jahres 2009 kündigte der Kennel Club eine komplette Überarbeitung des Bulldoggen-Standards in Hinblick auf Gesundheit und Langlebigkeit der Rasse an.

Trotzdem gibt es auch hierzulande immer mehr Zwinger, die sportliche, agile Bulldoggen züchten und nicht Rassemerkmale oder Ausstellungserfolge über die Gesundheit der Hunde stellen. Inzwischen hat der Kennel Club eine komplette Überarbeitung des Bulldoggen-Standards in Hinblick auf Gesundheit und Langlebigkeit der Rasse vorgenommen (siehe Kapitel „Rassestandard"). Es besteht also Grund zur Hoffnung, verantwortungslosen Züchtern das Handwerk zu legen und die Englische Bulldogge mittelfristig gänzlich aus der Rubrik „Extremzucht" zu verbannen.

Seit 1979 führt der ACEB e. V. ein eigenes Zuchtbuch. Laut VDH-Statistik fielen im Jahr 2008 in Deutschland 209 Welpen.

Das „Schönheitsideal" der Rasse änderte sich die letzten 150 Jahre immer wieder: mal waren tiefe Falten im Gesicht erwünscht, mal nicht; mal wurden athletische Typen bevorzugt, dann wieder schwere Hunde mit breiter Brust und mächtigem Kopf. Außerdem variierten die Ruten von säbelförmig über korkenzieherartig bis hin zur kurzen, geraden Standardform. Bei derartig vielfältigen Experimenten ist stets die Gefahr gegeben, in ein Extrem abzurutschen, das aus dem Hund eine Qualzucht macht, beispielsweise wenn zu dicke, unbewegliche Hunde mit einer viel zu kurzen Nase, die kein freies Atmen erlaubt, zu faltige Gesichter, zu große Köpfe, die zu enormen Geburtschwierigkeiten führen oder ein zu starker Vorbiss, der ein normales Fressen erschwert, hervorgebracht werden. Um diesem fatalen Phänomen zu begegnen, riefen in der Schweiz Züchter und Liebhaber der Hunde das Projekt „Gesundheitliche Verbesserung der Rasse English Bulldog" ins Leben. Allerdings ist dadurch gleich eine neue Rasse entstanden, nämlich der „Continental Bulldog".

Wussten Sie schon ...?

Kurznasige Hunde waren bis Ende des 15. Jahrhunderts unter dem Namen „Alan" oder „Alouentz" bekannt. Um 1500 taucht erstmals die Bezeichnung „Boldogge" oder „Bonddogge" auf. Der Wortteil „Bond" soll für „Band" bzw. „Leine" stehen, mit der die Hunde festgehalten wurden, um keinen Schaden anzurichten. Der Name „Bulldog" wird zum ersten Mal in einem Brief aus dem Jahre 1631 erwähnt, in dem ein Prestwick Eaton aus San Sebastian bei George Willingham in London zwei gute Bulldoggen bestellt, die „Bullen gut mit den Zähnen packen können".

Rassestandard

Die Bulldogge von heute ist ein aufmerksamer, mutiger und äußerst liebenswürdiger Hund, der nur rein äußerlich schlechte Laune zu haben scheint ...

Im Standard ist festgehalten, wie ein perfekter Hund einer Rasse auszusehen hat. Aber auch ein kurzer Einblick in Veranlagung und Wesen wird hier gegeben.

1865 erstellte Sam Wikkens alias „Philo Kuôn", anhand eines Gemäldes aus dem Jahre 1816, das die Hunde „Crib" und „Rosa" zeigt, einen ersten Standard; die Veröffentlichung erfolgte allerdings erst zehn Jahre später.

Der heute gültige Rassestandard der Englischen Bulldogge wurde vom Kennel Club festgelegt und in dieser Form von der FCI übernommen.

Bulldog
FCI-Standard Nr. 149 (23.04.2004/D)

Übersetzung Imelda Angehrn und Harry G. A. Hinckeldeyn, überarbeitet von Elke Peper

Ursprung Großbritannien

Datum der Publikation des gültigen Original-Standards 15.05.2006, 10/2009

Verwendung Begleithund mit Abschreckungswirkung.

Klassifikation FCI Gruppe 2: Pinscher und Schnauzer, Molossoide, Schweizer Sennenhunde und andere Rassen; Sektion 2.1: Molossoide, doggenartige Hunde; ohne Arbeitsprüfung.

Allgemeines Erscheinungsbild Kurzhaarig, ziemlich untersetzt, eher tief gestellt, breit gebaut, kraftvoll und kompakt. Kopf im Verhältnis zum Körper recht groß, jedoch darf kein Merkmal so übermäßig ausgeprägt sein, dass die Ausgewogenheit insgesamt gestört ist oder der Hund missgebildet erscheint oder in seiner Bewegungsfähigkeit beeinträchtigt ist. Gesicht relativ kurz, Fang breit, stumpf

Basics

und nicht zu stark nach oben gerichtet. Hunde mit erkennbarer Atemnot sind höchst unerwünscht. Körper ziemlich kurz, gut zusammengefügt, ohne jegliche Neigung zur Fettleibigkeit. Gliedmaßen stämmig, gut bemuskelt und in starker Kondition. Hinterhand hoch und kräftig. Hündinnen nicht so mächtig und stark entwickelt wie Rüden.

Verhalten und Charakter Vermittelt den Eindruck von Entschlossenheit, Kraft und Aktivität. Aufmerksam, kühn, loyal, zuverlässig, mutig, grimmig im Aussehen, aber liebenswürdig im Wesen.

Laut Standardbeschreibung soll eine Englische Bulldogge einen entschlossenen, kraftvollen und aktiven Eindruck machen.

Kopf – Oberkopf Von der Seite gesehen erscheint der Kopf vom Hinterkopf bis zur Nasenspitze sehr hoch und mäßig kurz. Stirnpartie flach, die Haut auf dem Kopf und um ihn herum etwas lose mit feinen Falten, ohne Übertreibung, die weder abstehen noch das Gesicht überlappen dürfen. Vom ausgeprägten Stopp verläuft bis zur Mitte des Schädels eine breite und tiefe Stirnfurche, die bis zur Hinterhauptspitze fühlbar ist. Gesicht vom vorderen Teil der Backenknochen bis zur Nasenspitze relativ kurz, mit ggf. etwas Hautfalten. Abstand vom inneren Augenwinkel (oder von der Mitte des Stopps zwischen den Augen) bis zur Nasenspitze nicht größer als jener von der Nasenspitze zum Rand der Unterlippe.

Schädel Schädelumfang relativ groß. Von vorne gesehen erscheint er vom Kinn bis zum Scheitel sehr hoch; ebenfalls breit und kantig.

Stopp Tiefe und breite Einbuchtung zwischen den Augen.

Gesichtsschädel Von vorne gesehen müssen die verschiedenen Partien des Gesichts auf beiden Seiten einer gedachten senkrechten Mittellinie symmetrisch ausgewogen sein.

Nasenschwamm Nase und Nasenlöcher groß, breit und schwarz, keinesfalls leberfarben, rot oder braun. Abstand vom inneren Augenwinkel (oder von der Mitte des Stopps zwischen den Augen) bis zur Nasenspitze nicht größer als jener von der Nasenspitze zum Rand der Unterlippe. Große, breite und offene Nasenlöcher, zwischen denen eine deutliche senkrechte, gerade Linie verläuft.

Fang Kurz, breit, aufwärts gebogen und vom Augenwinkel bis zum Lefzenwinkel tief.

Lefzen Lefzen dick, breit, tief, den Unterkiefer bedeckend, jedoch mit der Unterlippe vorne schließend, Zähne sind nicht sichtbar.

Kiefer/Zähne Kiefer breit, kräftig und kantig. Der Unterkiefer überragt vorn etwas den Oberkiefer und ist ein wenig aufgebogen. Kiefer breit und kantig, mit sechs kleinen Schneidezähnen in gerader Linie zwischen den weit auseinander stehenden Fangzähnen. Zähne groß und kräftig, bei geschlossenem Fang nicht sichtbar. Von vorne gesehen steht der Unterkiefer direkt unter dem Oberkiefer und verläuft parallel zu ihm.

Backen Gut gerundet, seitwärts über die Augen hinausragend.

Augen Von vorne gesehen tief unten im Schädel eingesetzt, gut entfernt von den Ohren. Augen und Stopp auf derselben geraden Linie, die im rechten Winkel zur Stirn-

Rassestandard

Die Zähne der Englischen Bulldogge werden im Standard als groß und kräftig und bei geschlossenem Fang als nicht sichtbar beschrieben.

furche verläuft. Weit auseinander liegend, wobei die äußeren Augenwinkel sich aber noch innerhalb der Backenumrisslinie befinden. Rund, mäßig groß, weder eingesunken noch vorstehend; Augenfarbe sehr dunkel – nahezu schwarz; sie dürfen kein Weiß zeigen, wenn der Hund geradeaus schaut. Ohne sichtbare Augenprobleme.

Ohren Hoch angesetzt, d.h. der vordere Rand beider Ohren setzt von vorne gesehen die Oberlinie des Schädels am höchsten Punkt seiner Außenkanten fort, sodass die Ohren möglichst weit auseinander möglichst hoch über den Augen und möglichst weit von diesen entfernt sind. Klein und dünn. „Rosenohren" sind korrekt, d.h. an der hinteren Seite nach innen gefaltete und zurückgelegte Ohren, deren oberer oder vorderer Rand nach außen und nach hinten gerichtet ist, wobei das Innere der Ohrmuschel teilweise sichtbar ist.

Hals Von mäßiger Länge, dick, tief und kräftig. Gut gewölbte Nackenlinie, mit einigen losen, dicken Hautfalten im Bereich der Kehle, beidseitig eine leichte Wamme bildend.

Körper
Obere Profillinie Unmittelbar hinter den Schultern ist der Rücken geringfügig eingesenkt (tiefste Stelle), von da an sollte die Wirbelsäule bis zu den Lenden ansteigen (wobei der oberste Punkt der Lendenpartie höher liegt als die Schulter), danach fällt die Oberlinie – einen leichten Bogen bildend – zur Rute hin steiler ab, ein für diese Rasse charakteristisches Merkmal.

Rücken Kurz, kräftig, im Schulterbereich breit.

Brust Brustkorb breit, ausgeprägt und tief. Körper bis weit nach hinten gut aufgerippt; Brustkorb rund und tief. Gut zwischen den Vorderläufen hinabreichend (nicht flachrippig, sondern gut gerundete Rippen).

Untere Profillinie und Bauch Bauch aufgezogen und nicht hängend.

Der charakteristische, kräftige Hals der Bulldogge zeigt im Bereich der Kehle viele lose, dicke Hautfalten.

Basics

Links: Typisch ist der kräftige und kompakte Körper der Englischen Bulldogge.

Rechts: Die Vorderläufe sollen sehr stämmig und stark sein.

Rute Tief angesetzt, an der Wurzel ziemlich gerade heraustretend und dann nach unten gebogen. Rund, glatthaarig und ohne Fransen oder grobe Behaarung. Mäßig lang – eher kurz als lang – dick am Ansatz, sich schnell zu einer feinen Spitze verjüngend. Abwärts gerichtet getragen (ohne deutlich aufwärts gebogenes Rutenende) und nie über der Rückenlinie.

Gliedmaßen
Vorderhand Vorderläufe sehr stämmig und stark, gut entwickelt, weit auseinander stehend, dick, muskulös und gerade. Die Knochen sind stark und gerade, nicht krumm oder säbelförmig; im Verhältnis zu den Hinterläufen kurz, aber nicht so kurz, dass dadurch der Rücken lang erscheint oder die Aktivität des Hundes darunter leidet.
Schultern Schulterblätter breit, schräg liegend und tief, sehr kraftvoll und muskulös, geben den Anschein, als wären sie seitlich am Körper befestigt.
Ellenbogen Tief angesetzt, deutlich vom Rippenkorb abstehend.
Vordermittelfuß Kurz, gerade und kräftig.
Hinterhand
Allgemeines Hinterläufe starkknochig und muskulös, im Verhältnis etwas länger als die Vorderläufe. Läufe lang und muskulös von der Lende bis zum Sprunggelenk, der Hintermittelfuß kurz, gerade und kräftig.

Knie Kniegelenke leicht vom Körper weg nach außen gedreht.
Pfoten Vorderpfoten gerade und sehr leicht auswärts gestellt, von mittlerer Größe und mäßig rund. Hinterpfoten rund und kompakt. Zehen kompakt und dick, gut voneinander getrennt, gut aufgeknöchelt.

Gangwerk Scheint mit kurzen, schnellen Schritten auf den Zehenspitzen zu gehen; hebt die Hinterpfoten nicht hoch, sodass sie über den Boden zu streifen scheinen; beim Laufen werden die Schultern abwechselnd etwas vorgeschoben. Eine gesunde Bewegungsfähigkeit ist von äußerster Wichtigkeit.

Haarkleid
Haar Von feiner Struktur, kurz, dicht und glatt (hart nur infolge der Kürze und Dichte, nicht drahtig).
Farbe Einfarbig oder einfarbig mit schwarzer Maske oder schwarzem Fang (Smut). Nur einheitliche Farben (die immer leuchtend und rein in ihrer Art sein sollten), nämlich Gestromt, Rot in allen Schattierungen, Falb, Rehbraun u.s.w., Weiß und Gescheckt (d.h. Weiß in Kombination mit einer der genannten Farben). „Dudley" (d.h. mit unpigmentierter Nase), Schwarz und Schwarz mit Loh sind höchst unerwünscht.

Rassestandard

Die Hinterläufe sind starkknochig und muskulös, der Hintermittelfuß kurz, gerade und kräftig.

Das Gangwerk ist laut Standard eigentümlich schwer und gebunden; der Hund scheint mit kurzen, schnellen Schritten auf den Zehenspitzen zu gehen.

Die Englische Bulldogge gibt es in vielen verschiedenen Farbschlägen.

Gewicht
Rüden 25 kg (55 lbs), Hündinnen 23 kg (50 lbs).

Fehler Jede Abweichung von den vorgenannten Punkten muss als Fehler angesehen werden, dessen Bewertung in genauem Verhältnis zum Grad der Abweichung und dessen Einfluss hinsichtlich Gesundheit und Wohlbefinden des Hundes.

Basics

Rüden sind in der Regel mächtiger und stärker entwickelt als Hündinnen.

In Zukunft werden ausdrücklich gut bewegliche, frei atmende Hunde gefordert.

Ab dem Jahre 2009 Änderungen im Zuchtgeschehen

Da es bei der Englischen Bulldogge immer wieder züchterische Übertreibungen bis hin zur qualvollen Extremzucht gibt, hat der Kennel Club Mitte des Jahres 2009 eine komplette Überarbeitung des Bulldoggen-Standards in Hinblick auf Gesundheit und Langlebigkeit der Rasse vorgenommen. Zusätzlich müssen sich Zuchtrichter und Züchter an Vorgaben halten, die dem Wohl und der Gesundheit der Rasse dienen. Es werden ausdrücklich gut bewegliche und frei atmende Hunde gefordert. Zudem sind Maßnahmen zur Sicherung der genetischen Vielfalt geplant.

Es ist erforderlich, dass sich die Richter streng an diesen Standard halten und die nachfolgend genannten Fehler berücksichtigen:

- Überhängende oder die Nase teilweise bedeckende Nasenfalte.

Ausschließende Fehler
- Hunde mit erkennbarer Atemnot.
- Eingewachsene Rute.

Hunde, die deutlich physische Abnormalitäten oder Verhaltensstörungen aufweisen, müssen disqualifiziert werden.

Nachbemerkung
Rüden müssen zwei offensichtlich normal entwickelte Hoden aufweisen, die sich vollständig im Hodensack befinden.

Verhalten und Charakter

Die englische Bulldogge ist geduldig, umgänglich und anhänglich.

Lernen Sie eine Englische Bulldogge einmal näher kennen, werden Sie schnell feststellen, dass sich hinter der etwas skurril wirkenden, grimmig dreinblickenden Fassade ein echter Schatz verbirgt. Mit dem Kampfhund von einst hat die heutige Bulldogge also absolut nichts mehr gemeinsam.

Obwohl es, wie bei jeder anderen Rasse auch, miesepetrige Stinkstiefel gibt, gilt der kräftige Vierbeiner als ausgesprochen geduldig und umgänglich. Die Englische Bulldogge ist ein richtiges Familientier, das ihre Zweibeiner abgöttisch liebt, ja regelrecht anhimmelt. Sie ist sehr menschenbezogen und daher auf keinen Fall für die Zwingerhaltung geeignet, denn hier würde sie physisch und psychisch verkümmern. Der enge Kontakt zu ihren Leuten ist für die anhängliche Bulldogge ein wahres Lebenselixier. Sie ist äußerst gutmütig, liebevoll und treu. In ihren Liebesbezeugungen kann sie sehr überschwänglich sein. Hat der geliebte Zweibeiner gerade keinen festen Stand, ist sogar eine, im wahrsten Sinne des Wortes, umwerfend-freudige Begrüßung möglich. Natürlich erwartet der sensible Charakterhund eine angemessene Erwiderung seiner Liebe, ansonsten reagiert er schon mal gekränkt und schmückt sein einmaliges Knautschgesicht schnell mit weiteren unwiderstehlichen Sorgenfalten, die ihre Wirkung nicht verfehlen.

Aufgrund seiner geringen Größe fühlt sich der charmante Vierbeiner bei angemessenem Auslauf auch in einer Stadtwohnung wohl.

Allerdings ist häufiges Treppensteigen für die relativ niedrigen, aber doch schweren Hunde nicht empfehlenswert. Wohnen Sie in einer Obergeschoss-Wohnung, sollte also ein Lift im Haus vorhanden sein.

Geballte Kraft auf vier Pfoten

Obwohl auf den ersten Blick der Eindruck entstehen mag, ist die Englische Bulldogge alles andere als ein träger, langweiliger Hund. So kann der ruhig und behäbig wirkende Vierbeiner auch ein ungezügeltes Temperament an den Tag legen. Im Spiel erweisen sich Bulldoggen als wahre Energiebündel. Die kräftigen Vierbeiner genießen längere Spaziergänge und können ausgesprochen sportlich sein. Die Sportlichkeit ist allerdings nicht jedem Hund gegeben. Ein athletisch gebauter Körper, eine freie Atmung sowie eine gute Figur sind für die Bewegungsfreude der Englischen Bulldogge eine entscheidende Grundvoraussetzung. Dementsprechend liegt die Sportlichkeit eines Bulldog schon in seiner Zucht begründet.

Aus ihm wird sicher nie ein Agility-Wunder, aber Spaß hat er trotzdem!

Die Bulldogge ist ein sehr unerschrockener, mutiger, ausdauernder und wachsamer Hund, ohne jedoch ein Kläffer zu sein. Die Kraft der Vierbeiner ist nicht zu unterschätzen. Daher ist es auch wichtig, einer Bulldogge frühzeitig Grenzen aufzuzeigen, denn sie kann, ohne es zu wollen, schon mal etwas grober werden. Seiner Familie gegenüber zeigt sich das liebenswerte Knautschgesicht absolut loyal, zuverlässig und treu. Für sie würde der stämmige Vierbeiner im wahrsten Sinne des Wortes durchs Feuer gehen.

Aber das mutige Kraftpaket kann auch anders, denn in seinem Inneren schlummert ein äußerst weicher Kern. So leidet der sensible Vierbeiner buchstäblich wie ein Hund, wenn er sich ausgestoßen und missverstanden fühlt. Er benötigt also sehr viel Aufmerksamkeit und Liebe und steht am liebsten im Mittelpunkt.

Kein Hund für perfektionistische Spaßbremsen

In der Erziehung zeigt sich die Englische Bulldogge bisweilen etwas stur und eigensinnig. Daher sind Konsequenz, Geduld und Einfühlungsvermögen seitens der Halter sehr

Verhalten und Charakter

wichtig. Schwächen von Herrchen oder Frauchen durchschaut der clevere Vierbeiner sofort und nutzt diese auch gnadenlos aus. Nie wird eine Bulldogge wie am Schnürchen folgen, vielmehr überlegt sie häufig erst, ob es sich lohnt, ein Kommando auszuführen. Andererseits heißt dies nicht, dass die Rasse nicht zu erziehen ist. Die wichtigste Basis für eine gute Zusammenarbeit ist ein optimales Verhältnis zwischen Herr und Hund. Härte ist für die sensible Hundeseele Gift und kann bei dem sonst ausgesprochen friedfertigen Vierbeiner sogar zur Aggression führen. Viel Lob und Motivation bringen deutlich mehr. Außerdem reagiert der einfühlsame Vierbeiner eher auf leise Töne als auf gebrüllte Kommandos. Eine Bulldogge möchte respektiert und als vollwertiger Partner verstanden werden, dann ist sie bereit, ihrem Zweibeiner zu gefallen. Da die Englische Bulldogge sehr intelligent ist, lernt sie in der Regel schnell. Sieht sie jedoch keinen Sinn darin, ein Kommando auszuführen, oder hat sie einfach gerade keine Lust dazu, nützen die besten Bestechungsversuche mit verlockenden Leckerlis nichts. Für die Erziehung dieses selbstbewussten Vierbeiners ist also auch ein gewisses Maß an Flexibilität und Einfallsreichtum nötig. Ein Bulldog ist eben eine echte Persönlichkeit, die ihren ganz eigenen Kopf hat.

Des Weiteren wird dem charmanten Individualisten ein ausgeprägter Sinn für Humor nachgesagt, der sich beispielsweise in einer entsprechenden, sehr vielschichtigen Mimik äußert. Bekannt ist der schlaue Vierbeiner für sein komödiantisches Talent. Gekonnt setzt er sich in Szene und wickelt inkonsequente Menschen blitzschnell mit viel Charme zu seinen Gunsten um den Finger. Im Umgang mit einer Englischen Bulldogge darf also selbst dem Zweibeiner nie ein Augenzwinkern fehlen. Daher ist die Rasse sicherlich nichts für humorlose Spaßbremsen.

Die Englische Bulldogge benötigt sehr viel Aufmerksamkeit und Liebe und steht am liebsten im Mittelpunkt.

Anhängliche „Schmusebacke"

Bekannt ist der Bulldog für seine große Kinderliebe, vorausgesetzt natürlich Hund und Kinder werden zu einem richtigen Verhalten und Umgang miteinander angeleitet. Liebend gern begleitet der anhängliche Vierbeiner die Kleinen auf Abenteuersuche und ist dabei für jeden Spaß zu haben. Von Streicheleinheiten und Schmusestunden kann die zärtliche Bulldogge nie genug bekommen. Wenn sie darf, mutiert sie gerne zu einer Couchpotatoe, die engen Körperkontakt zu ihren Leuten liebt.

Basics

Die Englische Bulldogge ist ein freundlicher und verspielter Hund, deren Erziehung von beiden Seiten ein gewisses Durchhaltevermögen erfordert ...

Lernen Hund und Kind schon früh die notwendigen Umgangs- und Verhaltensregeln, so können tolle Freundschaften entstehen.

Regelmäßiges, langes Alleinbleiben ist nicht unbedingt ihr Ding. Am liebsten ist der nette Vierbeiner immer und überall mit dabei. Fremden gegenüber ist er in der Regel freundlich, doch spürt er eine Unsicherheit seines Halters begibt er sich auch in Habachtstellung. Er ist also sehr empfänglich für die Stimmungslagen seiner Leute. Allem Neuen gegenüber ist der intelligente Vierbeiner aufgeschlossen und sehr anpassungsfähig.

Die Englische Bulldogge ist eine äußerst charmante und liebenswerte Hundepersönlichkeit für einfühlsame Individualisten.

Wird die Englische Bulldogge schon im Welpenalter gut sozialisiert, ist sie in der Regel selbst später noch sehr verträglich mit Artgenossen, sodass sie auch gut als Zweithund geeignet ist. Vielerorts wird der souveräne Vierbeiner sogar als „Gentleman unter den Hunden" bezeichnet. Auseinandersetzungen geht er grundsätzlich aus dem Weg, trotzdem ist er selbstbewusst genug, sich im Ernstfall zu verteidigen. An andere Haustiere gewöhnt sich die gutmütige Bulldogge schnell und nimmt sie freundlich in ihr Rudel auf.

Die meisten Rassevertreter sind wahre Wasserfetischisten: sie lassen keine Pfütze, keinen Bach oder Teich aus, um ihrem Hobby Plantschen oder Schwimmen zu frönen.

Regenwetter kommt bei etlichen Vertretern allerdings nicht besonders gut an, schließlich sind Englische Bulldoggen echte Charakterhunde. Hier ist häufig viel Durchsetzungsvermögen von Nöten, um die Hunde zu einem Spaziergang zu bewegen.

Verhalten und Charakter

Nach einem ausgiebigen Spaziergang ist ein Päuschen angesagt – auf weichem Gras liegt es sich eben am besten.

Eine große Leidenschaft vieler Englischer Bulldoggen ist das Fressen und nicht wenige wären sicherlich glücklich über eine Karriere als Hundefuttertester. Andere Vertreter sind eher heikle, schlechte Fresser, die man regelrecht zur Futteraufnahme überreden muss. Auch in dieser Beziehung ist der Bulldog eben ein echer Individualist. Weil der englische Vierbeiner zum Dickwerden neigt, sollte zugunsten seiner Gesundheit und Fitness in jedem Fall auf eine sportliche Linie geachtet werden.

Die Englische Bulldogge ist also eine äußerst charmante und liebenswerte Hundepersönlichkeit für einfühlsame Individualisten.

Obwohl der Bulldog keinen Regen mag, sind viele Hunde wahre Wasserfetischisten und immer mit dabei, wenn es ums Plantschen geht.

Auf den Punkt gebracht ...

„Bulldoggen sind wie rote Rosen und Sonnenuntergänge. Man kann sie nicht beschreiben, nur besingen. Der Charme ihres Wesens geht zu Herzen, der Reichtum ihrer Formen ist unerschöpflich. Lebende Edelsteine – faszinierend und seltsam." Dr. Walter Schwarz, bekannter österreichischer Bulldoggenfreund.

Die Englische Bulldogge heute

Bei den Bulldogs gibt es keine pauschalen Beschäftigungsvorlieben, sondern individuelle Unterschiede.

Die Englische Bulldogge ist ein äußerst liebenswerter, gutmütiger und anpassungsfähiger Begleithund, der sich in einem Singlehaushalt genauso wohl fühlt wie in einer Familie mit Kindern, Hauptsache er darf immer mit dabei sein.

Manche Bulldogs haben viel Temperament, lieben längere Spaziergänge oder flotte Hundesportarten wie Agility, bei dem allerdings nicht Perfektion, sondern, und das ist ja das eigentlich wichtige, der Spaß im Vordergrund steht. Eine Englische Bulldogge sollte jedoch nicht vor dem zweiten Lebensjahr, also erst mit voller körperlicher Ausreifung, an sportlichen Aktivitäten teilnehmen. Gemütlichere Rassevertreter haben eventuell Spaß an Dogdancing, Mobility, Trickdogging oder Fährtensuche, schließlich sind Bulldoggen sehr intelligent und lernen bei der richtigen Motivation gut und gerne. Hier gibt es also individuelle Rasseunterschiede und keine pauschalen Beschäftigungsvorlieben. Der kräftige Vierbeiner macht daraus aber auch keinen Hehl und zeigt seinen Leuten schnell, was er mag und was nicht.

Bulldoggen geben sich in ihrer Erziehung durchaus kooperativ, sodass mit ihnen sogar die erfolgreiche Teilnahme an der Begleithundeprüfung möglich ist. Hierbei kommt es zum einen natürlich auf den richtigen Draht zwischen Ihnen und Ihrem Hund an und außerdem auf eine einfühlsame Trainingsmethode.

Die Englische Bulldogge heute

Zwar hält das englische Kraftpaket nichts von unbedingtem Gehorsam, trotzdem aber wird es alles tun, was sein Halter von ihm verlangt, vorausgesetzt dieser versteht es, ihm Dinge mit viel Liebe, Geduld, Konsequenz und Humor nahe zu bringen.

Aufgrund seiner Feinfühligkeit, Menschenfreundlichkeit und seines liebenswerten, souveränen Auftretens ist der Bulldog ebenfalls sehr gut als Therapiehund geeignet. Altenheime, Krankenstationen oder Einrichtungen für Behinderte, die jemals mit dem charmanten Vierbeiner zusammenarbeiten durften, möchten seine fröhliche, herzerfrischende Art nicht mehr missen. Besonders Kinder verlieren schnell ihr Herz an den vierbeinigen Gute-Laune-Bringer. Senioren in Heimen finden im sanften Bulldog einen liebevollen und zarten Seelentröster, wenn es darauf ankommt aber auch einen lustigen Clown, der gekonnt von Alltagsproblemen und Krankheiten ablenkt.

Prominenter Fan

Gert Haucke war ein großer Fan Englischer Bulldoggen. Der inzwischen verstorbene Schauspieler und Autor setzte sich vehement für die Zucht gesunder und agiler Hunde ein. Sein eigener Rüde „Otto", nach dem er lange gesucht hatte, entsprach hinsichtlich Robustheit und Körperbau samt einem Gewicht von 25 kg seinen Idealvorstellungen von einem Bulldog.

Wenn es darauf ankommt, präsentiert sich das liebenswerte Knautschgesicht auch als lustiger Clown, der gekonnt von Alltagsproblemen ablenkt.

Vorüberlegungen und Anschaffung

Anforderungen an den Halter

Lassen Sie Ihren Welpen nicht ständig Treppen laufen, aber hin und wieder ein paar Stufen ist völlig in Ordnung.

Anforderungen an den Halter

Fragen, die vorab zu klären sind

Die Anschaffung einer Englischen Bulldogge muss gut überlegt werden, schließlich liegt ihre durchschnittliche Lebenserwartung bei etwa acht bis zehn Jahren. Können Sie über Jahre hinweg für sämtliche Kosten, die der Vierbeiner mit sich bringt, aufkommen? Bedenken Sie, dass nicht nur die Grundausstattung und der Erwerb des Hundes selbst teuer sind, auch die tägliche Futterration will bezahlt werden. Zusätzlich müssen Sie eine Haftpflichtversicherung sowie regelmäßige Impfungen und Entwurmungen finanzieren. Schnell kann Ihr Vierbeiner auch unvorhergesehen erkranken, vielleicht sind dann sogar langwierige und teure tierärztliche Behandlungen nötig.

Hinterfragen Sie außerdem, ob die äußeren Gegebenheiten stimmen. Haben Sie genug Platz für eine Englische Bulldogge? Eine Zwingerhaltung aus Platzmangel in der Wohnung ist absolut ungeeignet, denn das anhängliche Sensibelchen blüht nur bei engem Menschenkontakt richtig auf. Auch ein ständiges Treppensteigen über mehrere Stockwerke hinweg ist für einen Bulldog nicht gut, denn die Rasse ist bei ihrer geringen Größe verhältnismäßig schwer; zu häufiges Treppensteigen kann sich daher negativ auf die Gelenke auswirken. Wohnen Sie also in einem oberen Stockwerk, sollte das Haus über einen Lift verfügen. Im normalen Rahmen kann eine Englische Bulldogge aber ohne Probleme Treppen überwinden.

Haben Sie ein Haus mit Garten, ist ein intakter Gartenzaun wichtig, damit sich Ihr Hund nicht plötzlich unerlaubt aus dem Staub macht. Mit einem guten Zaun kann sich der Vierbeiner auch unbeaufsichtigt draußen aufhalten, ohne zu entwischen.

Bedenken Sie als zukünftiger Hundebesitzer außerdem, dass ein vierbeiniger Mitbewohner viel Dreck ins Haus bringt. Vergessen Sie ebenfalls den Fellwechsel im Frühjahr und Herbst nicht, der sich im wahrsten Sinne des Wortes auch an Ihren Kleidern, Polstermöbeln und Teppichen niederschlägt.

Fragen Sie Ihren Vermieter, ob er mit der Anschaffung eines Hundes einverstanden ist. Klären Sie auch, ob Sie den Hund, bei längerer Abwesenheit aller anderen Familienmitglieder und keinem dann verfügbaren Hundesitter, mit ins Büro nehmen dürfen; immerhin bleibt der menschenbezogene Vierbeiner

Sehr hilfreich ist es, schon bei der Anschaffung zu wissen, wem Sie Ihren Hund im Notfall stunden- oder auch tageweise anvertrauen können.

nicht gerne allzu lange allein, obwohl er bei entsprechender Gewöhnung durchaus drei bis vier Stunden gesittet daheim wartet. Ein Bulldog braucht generell sehr viel Zeit, Aufmerksamkeit und Zuwendung.

Sind Sie in zukünftigen Urlauben mit Hund gewillt, eventuelle Abstriche, Zielort und Unternehmungen betreffend, zu machen? Möchten Sie ohne Vierbeiner verreisen, überlegen Sie vorab, ob Sie einen lieben Hundesitter an der Hand hätten oder eine gute Hundepension bezahlen können.

Rassebedürfnisse

Passen die finanziellen und äußeren Gegebenheiten optimal zu einer Hundeanschaffung, überlegen Sie sich gut, ob Sie auf Dauer, das heißt ein Hundeleben lang, genügend Zeit und Lust haben, um den Ansprüchen eines Bulldogs gerecht zu werden. Einige Vertreter sind temperamentvolle Energiebündel, die ihre Sportlichkeit gerne ausleben. Aber auch gemütliche Vertreter brauchen ihre täglichen Spaziergänge bei jedem Wetter. Dabei muss die Bulldogge auch die Möglichkeit haben, sich richtig auszupowern und darf nicht nur an der kurzen Leine geführt werden. Gewaltmärsche und lange Bergtouren sind allerdings nicht ihr Ding. In den meisten Fällen möchte der charmante Charakterhund sein Tempo selbst bestimmen.

Da der stämmige Vierbeiner sehr anpassungsfähig ist, fühlt er sich eigentlich bei jedem Hundeliebhaber wohl, der einfühlsam auf sein sensibles Wesen eingeht. Auch die Haltung in einer Stadtwohnung ist bei genügendem Auslauf kein Problem für ihn.

Liebend gerne steht die Englische Bulldogge im Mittelpunkt. Ist dies nicht auf Anhieb der Fall, sorgt sie gekonnt selbst dafür. Schon Bulldoggen-Welpen sind ausgeprägte Individualisten, die viel Aufmerksamkeit und Zuwendung brauchen.

Eine Englische Bulldogge braucht nicht viel zum Glücklichsein – ihr ist es am Wichtigsten, wenn sie immer und überall dabei sein darf.

Unterschätzen Sie nicht die enorme Kraft und die Masse einer ausgewachsenen Englischen Bulldogge. Sie sollten körperlich in der Lage sein, den Hund an der Leine halten zu können.

Bedenken Sie ...

Schaffen Sie eine Englische Bulldogge nicht primär für Ihre Kinder an, sondern für sich: Schnell verlieren Kinder das Interesse oder gehen, flügge geworden, aus dem Haus. Sie müssen voll und ganz hinter einer Hundeanschaffung stehen, denn die Hauptarbeit bleibt unter Umständen bald an Ihnen hängen.

Anforderungen an den Halter

Der intelligente Vierbeiner ist für jeden Spaß zu haben, daher sollten auch seine Besitzer über eine gehörige Portion Humor verfügen.
Weil Bulldoggen Gesellschaft lieben und sehr verträglich sind, eignen sie sich auch gut als Zweithund.
Wie alle kurzschnäuzigen Rassen ist auch die Englische Bulldogge eher hitzeempfindlich. Im Sommer verlangt diese Tatsache erhöhte Rücksichtnahme auf den Hund. In der kalten Jahreszeit und dann vor allem bei nassem Wetter kann bei alten Hunden aufgrund ihres kurzen, feinen Felles ein schützendes Mäntelchen nötig sein.
Das häufige Schnarchen der Vierbeiner durch verengte Luftwege, enge Nasenöffnungen und vergrößerte Gaumensegel, müssen Rasseinteressenten mögen. Oftmals verschlimmert sich dies noch im Alter. Diese Fehlentwicklungen versuchen verantwortungsvolle Züchter jedoch durch gezielte Zuchtauswahl zu vermeiden.
Zeitweise legt der Bulldog einen ziemlichen Sturkopf an den Tag. Stimmt allerdings die Chemie zwischen Ihnen und Ihrem Vierbeiner, wird er immer versuchen, Ihnen zu gefallen.
Auf einen äußerlich auffallenden Hund wie die Englische Bulldogge, werden Halter häufig angesprochen. Sie müssen damit rechnen, dass Sie dabei immer wieder Vorurteile zu hören bekommen. Bulldog-Besitzer brauchen in solchen Situationen eventuell also ein etwas dickeres Fell. Menschen, die einen Bulldog rein als Prestigeobjekt ansehen, werden auf Dauer nicht glücklich mit einem fordernden Lebewesen wie es ein Hund nun mal ist; auch der Vierbeiner hat hier vermutlich schlechte Karten, mit all seinen Bedürfnissen voll zum Zug zu kommen. Ist es Ihnen jedoch möglich, eine Englische Bulldogge gänzlich in Ihr Leben zu integrieren, geht es nun an die Auswahl des Hundes.

Englische Bulldoggen liegen überaus gerne auf weichen Plätzen und lassen sich verwöhnen.

... und vergessen Sie nicht

Denken Sie vor der Anschaffung einer Englischen Bulldogge auch an die Masse des ausgewachsenen Hundes. Sie brauchen so viel körperliche Kraft, dass Sie Ihren Vierbeiner im Notfall auch einmal tragen bzw. heben können. Außerdem müssen Sie kräftemäßig in der Lage sein, einen Bulldog zu halten, wenn er mal einer Katze hinterherjagen oder einen feindlich gesonnenen Artgenossen angehen möchte. Die enorme Kraft dieser Hunde wird häufig unterschätzt.

Welpe oder erwachsener Hund?

Der Einzug eines Welpen erleichtert auch das Zusammengewöhnen mit eventuellen weiteren Haustieren.

Möchten Sie sich eine Englischen Bulldogge anschaffen, überlegen Sie sich, ob Sie einen Welpen oder einen erwachsenen Vierbeiner aufnehmen wollen. Ein Welpe ist wie ein Rohdiamant, den Sie erst schleifen müsse. Dies kostet viel Zeit und Geduld, aber sicherlich auch Nerven und Anstrengungen. Ein junger Hund verlangt ständige Zuwendung, anfangs sogar nachts. Es dauert eine Weile bis der kleine Kerl stubenrein ist. Außerdem muss er sich an fremde Menschen, Tiere und einen normalen Alltag gewöhnen, und, er muss erst lernen, alleine zu bleiben. Zunächst benötigt ein Welpe drei- bis viermal am Tag Futter. Mehrere kurze Spaziergänge sind für den, sich noch im Wachstum befindlichen, instabilen Bewegungsapparat des Hundekindes, auf den sich zu viel Belastung folgenschwer auswirken kann, sinnvoller als ein ganz langer.

Die Erziehung eines jungen Hundes sowie die eventuell etwas renitente Flegelphase werden Sie voll und ganz fordern. Andererseits lässt sich ein Welpe noch gut formen, er entwickelt sich also größtenteils genau zu dem, zu dem Sie ihn machen. Die gilt natürlich auch im negativen Sinne: haben Sie nicht von Anfang an eine klare Linie in Ihrer Erziehung, bekommen Sie bald einen aufsässigen, verzogenen Fratz, der Ihnen im Erwachsenenalter schnell über den Kopf wächst.

Mit einem älteren Vierbeiner kann dagegen schon etwas mehr Ruhe in Form einer ausgereiften Hundepersönlichkeit bei Ihnen einziehen. Höchstwahrscheinlich ist eine erwachsene Englische Bulldogge aus dem Gröbsten raus; sie ist stubenrein, ist mit Halsband und Leine vertraut, kann ab und zu mal alleine bleiben und kennt mindestens die erzieherischen Grundkommandos wie Sitz, Platz, Hier und Pfui – vorausgesetzt natürlich, sie genoss bis zu diesem Zeitpunkt ein gutes Zuhause mit einer entsprechenden Prägung.

Kennen Sie allerdings nicht die vollständige Lebensgeschichte Ihrer Bulldogge bis zum Zeitpunkt ihres Einzugs bei Ihnen, kaufen Sie

Welpe oder erwachsener Hund?

möglicherweise die „Katze im Sack". Erst im alltäglichen Zusammenleben zeigen sich der genaue Charakter, eventuelle Macken und das Verhalten des Vierbeiners. Daher kann die Aufnahme eines erwachsenen Hundes eher etwas für Kenner sein. Machen Sie dem neuen Familienmitglied seine untergeordnete Stellung im Hunderudel von Anfang an klar: eindeutige Regeln und Grenzen sind sehr wichtig für ein harmonisches Miteinander. Hundeanfänger entscheiden sich also besser für einen Welpen als für einen gänzlich unbekannten erwachsenen Vierbeiner. Ersthalter können mit Hilfe einer guten Hundeschule gemeinsam mit ihrem Welpen wachsen und lernen. Der Einzug eines Welpen erleichtert auch das Zusammengewöhnen mit eventuellen weiteren Haustieren. Bei einer Rudelhaltung hat ein Welpe noch mehr Narrenfreiheit und wird eher spielerisch, aber doch bestimmt in die Rangordnung der anderen Rudelmitglieder eingewiesen. Mit einem erwachsenen, voll ausgereiften Neuzugang können dagegen gleich heftige Kämpfe um die Rudelposition ausbrechen.

Beachten Sie auch ...

*Geben Sie Ihrem vierbeinigen Neuzugang viel Zeit für die **Eingewöhnung**. Am besten nehmen Sie sich Urlaub, damit Sie sich erst einmal gegenseitig in Ruhe kennen lernen können. Machen Sie trotzdem nicht zu viel Aufhebens um Ihr neues Familienmitglied. Lassen Sie Ihrem Hund genug Freiraum, sein jetziges Zuhause selbst zu erkunden. Zeigen Sie ihm andererseits vom ersten Tag an liebevoll, aber bestimmt, was er darf und was nicht. Gönnen Sie Ihrem Vierbeiner auch ausreichende Ruhephasen, schließlich sind die vielen neuen Eindrücke für ihn anstrengend und ermüdend.*

Einen jungen Hund zu erziehen sowie die eventuell etwas renitente Flegelphase zu überstehen, kann manchmal ganz schön anstrengend sein.

Rüde oder Hündin?

Rüden markieren gerne ihr Revier und nehmen dabei keinerlei Rücksicht auf mehr oder weniger wertvolle Pflanzen im Garten.

Ob Sie sich für einen Rüden oder eine Hündin entscheiden, hängt von Ihren Erwartungen und Vorstellungen ab. Bulldoggen-Rüden werden etwas größer, stämmiger und somit schwerer als Hündinnen. In Vielem sind sie hartnäckiger und manchmal auch sturer als Hündinnen, weshalb ihre Halter bei der Erziehung meist etwas mehr Durchsetzungsvermögen brauchen. Außerdem muss sich ein Rüdenbesitzer von Zeit zu Zeit auf einen liebeskranken und somit fürchterlich leidenden Vierbeiner einstellen und zwar dann, wenn eine Hündin in der Umgebung läufig ist. So manch verliebter Casanova tut seinen Schmerz um die unerreichbare Angebetete sogar lautstark kund. Diese Heulorgien können wiederum zu Ärger bei den Nachbarn führen. Zudem sind viele liebestolle Vertreter wahre Ausbrecherkönige, wenn es darum geht, ihrer „Traumfrau" näher zu kommen. Ein intakter Gartenzaun ist also besonders wichtig. Das ständige Markieren ist ebenfalls nicht jedermanns Sache. Hobbygärtner büßen dabei sicherlich die eine oder andere Pflanze ihres Gartens ein.

Bei vermeintlich konkurrierenden Artgenossen lassen unkastrierte Rüden gerne den Macho raushängen, der auch mal mit viel Getöse einen Schaukampf um die Rangordnung anzettelt. Solche Auseinandersetzungen sind jedoch meist harmlos, während Hündinnen untereinander, aus der instinktsicheren Sorge um ihren vermeintlichen Nachwuchs, mit echten Beißereien nicht lange fackeln.

Hündinnen haben in der Regel eine etwas zierlichere Statur als Rüden. Machtkämpfe wie sie bei Rüden um die hausinterne Rangordnung hin und wieder vorkommen können, sind bei Hündinnen eher selten. Trotzdem können sie, vor allem hormonell bedingt, auch mal zickig sein. Eine Hündin wird ein- bis zweimal im

Auch diese kleine Hündin wird einmal läufig werden, eine Tatsache, die manche Menschen vom Kauf einer Hündin abhält.

Verhütung bei Hunden

*Bei der Kastration einer **Hündin** nimmt man operativ die Eierstöcke und meist auch die Gebärmutter heraus. Da nun die entsprechenden hormonproduzierenden Drüsen fehlen, ist der Geschlechtstrieb nach einer Kastration völlig ausgeschaltet.*
Das Risiko der Hündin, an Gebärmutterkrebs und an einem Gesäugetumor zu erkranken, wird durch die Kastration deutlich vermindert bzw. bei einer Kastration vor der ersten Läufigkeit praktisch ausgeschlossen. Andererseits kann eine so frühe Kastration ein dauerhaft kindlich-kindisches Wesen der Hündin zur Folge haben, denn der Reifeprozess, der durch die Hormone ausgelöst wird, fehlt hier; dies muss jedoch kein Nachteil sein. Bei einer Operation nach der ersten Läufigkeit liegt das Krebsrisiko für die Hündin bei ca. 8 %, nach der zweiten Läufigkeit bei ca. 26 %.
*Ein **Rüde** ist kastriert, wenn seine beiden Hoden entfernt wurden.*
Kastrierte Tiere werden in der Regel ruhiger. Manche Hunde neigen anschließend verstärkt zu Fettansatz (Futtermenge anpassen), eventuellen Fellveränderungen oder zeigen Inkontinenz. Während man Hündinnen hauptsächlich zur Vermeidung unerwünschten Nachwuchses kastriert, erfolgt die Kastration eines Rüden häufig bei Verhaltensauffälligkeiten. Selbstverständlich lassen sich Verhaltensauffälligkeiten, die durch Erziehungsfehler des Halters entstanden sind, nicht durch eine Kastration korrigieren.
Manche Rüden haben, bedingt durch zu viel Testosteron, einen übersteigerten Sexualtrieb, der mit Streunen, übertriebenem Imponiergehabe und aggressivem Konkurrenzverhalten gegenüber anderen Rüden einhergeht. Hier oder bei krankhaften Veränderungen der Geschlechtsorgane kann die Kastration eines Rüden durchaus nötig sein.
Beim Rüden wirkt die Kastration auch als vorbeugende Maßnahme gegen Prostataerkrankungen und Perinaltumore (= Zubildungen rund um den After).
Letztendlich liegt es in den Händen eines verantwortungsvollen Tierarztes, individuell zu entscheiden, ob eine Kastration angebracht ist oder nicht.
Eine Alternative zur operativen Trächtigkeitsverhütung stellt die medikamentöse Verhütung mittels Hormonpräparaten dar. Diese Methode sollte allerdings nicht auf längere Zeit eingesetzt werden, denn die hormonelle Manipulation einer Hündin erhöht die Wahrscheinlichkeit einer eitrigen Gebärmutterentzündung, die in der Regel wiederum nur operativ zu behandeln ist.

Eine weitere ganz neue Möglichkeit ist die Verhütung mittels Implantat, das wie ein Mikrochip unter die Haut gespritzt wird und alle sechs Monate ausgetauscht werden muss. Laut Hersteller ist dieses Implantat nebenwirkungsfrei, allerdings ist es nicht ganz billig (ca. 50.- € Materialkosten). Für Hündinnen ist das Verhütungsimplantat noch in der Probephase. Bei Rüden wird es bereits eingesetzt; es zeigt die gleiche Wirkung einer operativen Kastration.

Während der Läufigkeit können Sie Ihrer Hündin ein spezielles Höschen anlegen.

Jahr läufig. Damit es nicht zu unerwünschtem Nachwuchs kommt, ist in diesem Zeitraum, der etwa drei Wochen dauert, besondere Vorsicht geboten. Während der Blutung hat sich ein Kinderbadeanzug in den man eine Binde einlegt sehr bewährt, um Flecken im Haus zu vermeiden. Daran gewöhnen sich die meisten Vierbeiner sehr schnell, obwohl es immer wieder auch Ausnahmen gibt: manche Hündinnen versuchen alles, um diesen lästigen Anzug wieder los zu werden. Möchten Sie die Läufigkeit Ihrer Hündin auf Dauer umgehen, schafft eine Kastration Abhilfe.

Manche Hündinnen werden etwa zwei Monate nach ihrer Hitze (= vermeintlicher Geburtstermin) scheinträchtig. Hier haben sich homöopathische Mittel wie Pulsatilla oder Ignatia als hilfreich erwiesen. Geht die Scheinträchtigkeit jedoch mit Aggressivität, Apathie und übermäßiger Milchbildung einher, kann eine Kastration angebracht sein. Sprechen Sie in diesem Fall mit Ihrem Tierarzt.

Hier blieb die Läufigkeit der Hündin nicht ohne Folgen.

Die läufige Hündin

Eine Bulldog-Hündin wird zum ersten Mal zwischen dem siebten und zwölften Lebensmonat läufig. Insgesamt dauert die Hitze, die ein- bis zweimal im Jahr auftritt, etwa 21 Tage. Sie unterteilt sich in drei Phasen: Die ersten neun Tage nennt man Vorbrunst (Proöstrus), äußerlich zu erkennen am Anschwellen der Schamlippen. Nun wird die Hündin ruhiger, vielleicht etwas launisch und markiert anfangs häufig; manchmal frisst sie auch schlecht und neigt zum Streunen. Jetzt lässt die Hündin zwar noch keinen Rüden an sich heran, ihr Interesse am anderen Geschlecht wächst jedoch zunehmend. Während der zweiten Phase, der sogenannten Hochbrunst oder Eisprungphase (Östrus) tritt immer mehr schleimiges, mit Blut vermischtes Sekret aus der Scheide aus. Zu diesem Zeitpunkt wandern die Eizellen vom Eierstock in den Eileiter; dort können sie befruchtet werden. Der Östrus dauert acht bis zehn Tage und ist zu erkennen am weiteren Anschwellen sowie einer noch stärkeren Rötung der Schamlippen. Die blutigen Ausscheidungen gehen in einen hellen Ausfluss über. Ab dem neunten Tag der Läufigkeit „steht" die Hündin; sie zeigt Rüden ihre Paarungsbereitschaft durch eine fast aufdringliche Annäherung und das seitliche Wegknicken ihrer Rute an. Nach dem Östrus folgt der Metöstrus; in dieser Phase klingt die Läufigkeit langsam ab, die Schwellung der Schamlippen geht zurück, der Ausfluss wird weniger. Auch das Verhalten „normalisiert" sich allmählich wieder. Äußere Umstände wie Stress oder klimatische Einflüsse (z.B. starke Kälte) sowie Krankheiten können die Läufigkeit beeinflussen, sodass sie eventuell auch mal ausbleibt.

Ein Hund aus dem Tierheim

Die Aufnahme eines Tierheimhundes erfordert von Ihnen besonders viel Geduld und Einfühlungsvermögen. Da die Vorgeschichte eines solchen Vierbeiners oft völlig im Dunkeln liegt, können unerwartete Verhaltensweisen auftreten. Selbst bei einem Tierheim-Welpen wissen Sie häufig nichts Näheres über seine bisherige Haltung. Eine gute Kinderstube ist sehr wichtig und prägend für eine intakte Hundeseele, jedoch kann hier bei einem Second-Hand-Hund bereits einiges schief gelaufen sein, was sich nur schwer wieder ausbügeln lässt. Auch das Wesen der Elterntiere, die Sie im Tierheim meist nicht kennen lernen, ist ein wichtiger Anhaltspunkt für den späteren Charakter Ihres jetzt ausgesuchten Zöglings. Je nach früheren Erlebnissen hat Ihr junger oder älterer Bulldog vielleicht schon einige Macken, die Sie erst allmählich herausfinden müssen. Trotzdem lohnt es sich, diese Nuss behutsam zu knacken. Bevor Sie sich endgültig für die Übernahme eines Vierbeiners entscheiden, besuchen Sie ihn bereits mehrmals im Tierheim und gehen Sie oft mit ihm spazieren. Die Auswahl eines Tierheimhundes bedarf besonderer Sorgfalt, schließlich soll der Vierbeiner mit seiner neuen Familie zu einem echten Glückspilz und nicht, nach seinen ersten auftauchenden Eigenarten, zum erneut abgeschobenen Pechvogel werden. Setzen Sie sich und den Hund von Anfang an nicht unter Druck. Lassen Sie sich für die Gewöhnung aneinander unbedingt ausreichend Zeit. Erklären Sie Ihren Kindern schon im Vorfeld, dass der neue Vierbeiner erst einmal Ruhe und Behutsamkeit zur Eingewöhnung braucht. Auch sie sollten zunächst genau beobachten, wahrnehmen und abwarten, ehe sie den haarigen Neuankömmling streicheln.

Nur selten sind Englische Bulldoggen im Tierheim zu finden; wie alle Second-Hand-Hunde brauchen auch sie besonders viel Zeit zur Eingewöhnung.

Beachten Sie ...

Die Übernahme eines Tierheimhundes erfordert in der Regel Hundeerfahrung, da die Vergangenheit eines solchen Vierbeiners häufig völlig im Dunkeln liegt. Auf den ersten Blick erscheinen manche Tierheimhunde unkompliziert und anpassungsfähig. Rasch holen sie jedoch in unterschiedlichen oft ganz banalen Situationen des Alltags frühere schlechte Erlebnisse ein und lassen sie dementsprechend reagieren. Für Anfänger wird dies unter Umständen zu einem unlösbaren Problem. Hundeerfahrene Menschen können sich dagegen kompetenter und souveräner darauf einstellen und damit auseinandersetzen. Erstlingshaltern sei daher geraten, zunächst einmal einen Bulldog-Welpen von einem seriösen Züchter aufzunehmen.

Die Auswahl eines solchen süßen Vierbeiners sollte man sich als zukünftiger Hundebesitzer nicht zu einfach machen.

Auswahl von Züchter und Hund

Entscheiden Sie sich für den Kauf eines Hundes vom Züchter, bekommen Sie eine aktuelle Wurfliste über die Welpenvermittlungen der den Dachverbänden angeschlossenen Rassehundvereine z.B. über den VDH. Vergleichen Sie verschiedene Zwinger kritisch vor Ort miteinander! Nehmen Sie die Zuchtstätte genau unter die Lupe und kaufen Sie nicht den erstbesten Welpen vom erstbesten Züchter. Scheuen Sie sich nicht vor weiten Anfahrtswegen, immerhin geht es um die sorgfältige Auswahl eines neuen Familienmitglieds, mit dem Sie viele glückliche Jahre teilen möchten. Stellen Sie sich außerdem auf eine eventuelle Wartezeit ein, denn oft ist die Nachfrage höher als das Angebot. Ein gesunder Englischer-Bulldoggen-Welpe muss Ihnen auch einiges Wert sein: Der durchschnittliche Welpenpreis liegt in Deutschland derzeit bei etwa 1.800,- €.

Achten Sie darauf, dass die Welpen mit vollem Familienanschluss aufwachsen, und sich bei Ihrem Besuch interessiert, selbstbewusst und freundlich zeigen. Ihr Fell glänzt, sie sind gut genährt und sehen rundum gesund aus. Die Welpen dürfen weder ängstlich noch aggressiv reagieren. Nehmen Sie außerdem die Mutter und, falls anwesend, auch den Vater sowie deren Gesundheitszeugnisse der Zuchttauglichkeitsprüfungen gründlich in Augenschein. Die Elterntiere sollten freiatmend sein und von freundlichem, aufgeschlossenen Wesen. Viel-

Auswahl von Züchter und Hund

Beachten Sie außerdem …

Tätigen Sie keine Mitleidskäufe! Bei dubiosen Schwarzzuchten oder Hundehändlern liegen Herkunft, Aufzucht und Vergangenheit der Hunde oft völlig im Dunkeln, sodass Sie anstelle eines gesunden und wesensfesten Rassehundes schnell eine Mogelpackung bekommen, die Ihnen mit zunächst versteckten Krankheiten und Verhaltensstörungen ein Hundeleben lang Kummer bereiten kann. Das Warten auf einen Welpen von einer kontrollierten Zucht lohnt sich allemal. Hier gelten strenge Zuchtauflagen, die eine gute Basis für das Hervorbringen robuster, gesunder und wesensstarker Vierbeiner bilden.
Ein gleichzeitiges Aufziehen mehrerer Würfe (möglicherweise noch von unterschiedlichen Rassen) innerhalb einer Zuchtstätte sollte Sie stutzig machen, spricht dies doch sehr für eine rein kommerzielle Angelegenheit.

leicht lässt sich auch ein kleiner Spaziergang arrangieren, hierbei können Sie die Freiatmigkeit der Hunde sehr gut überprüfen.

Sehen Sie nach, ob die Zuchtstätte sauber und hygienisch ist.

Ein guter Züchter befragt Sie ausführlich: er interessiert sich sehr für Sie, Ihr Umfeld und eventuell bereits vorhandene Hundeerfahrung. Außerdem wird er Sie in keiner Weise bedrängen oder Ihnen einen Welpen aufschwatzen. Das Wohl seiner Hunde liegt ihm wirklich am Herzen.

Haben Sie sich schließlich für einen Züchter und einen seiner Welpen entschieden, vereinbaren Sie vor der Abholung Ihres Vierbeiners weitere Besuche, damit sich der Kleine schon etwas an Sie gewöhnt. Bringen Sie dabei ein altes Handtuch mit, das in das Welpenlager gelegt, bald nach der Mutter und den Wurfgeschwistern riecht. Dieses Tuch nehmen Sie bei der Abholung des Welpen wieder mit und legen es dem Hundekind zuhause in sein neues Körbchen. Durch den weiterhin vorhandenen bekannten Geruch fällt Ihrem Vierbeiner somit die Trennung von seiner Kinderstube nicht so schwer.

Wenn Sie sich schließlich für einen Züchter und einen seiner Welpen entschieden haben, vereinbaren Sie am besten weitere Besuche, damit sich Ihr Welpe schon etwas an Sie gewöhnen kann.

Welches Zubehör ist nötig?

„Mache ich das nicht toll?".

Für Ihren Welpen benötigen Sie zunächst ein **Welpenhalsband** oder **-geschirr** und eine leichte **Leine**. Als Material hat sich Nylon bewährt; im Vergleich zu Leder ist es leichter, stabiler, nässefester und problemloser zu reinigen. Der ausgewachsene Hund braucht später ein größeres und breiteres Halsband oder Geschirr sowie eine passende, stabile Leine. Gewöhnen Sie Ihr Hundekind sofort an das Tragen eines Halsbandes. Bringen Sie am Halsband neben der Steuermarke eine gravierte Plakette oder eine Hülse mit Ihrer Adresse und Telefonnummer an, damit Sie im Falle des Verschwindens Ihres Vierbeiners schnell benachrichtigt werden können. Achten Sie darauf, dass das Halsband nicht zu eng und nicht zu locker sitzt. Ein Finger muss problemlos zwischen Hals und Halsband passen.

Besorgen Sie außerdem für Haus und Garten je ein Set mit einem **Futter-** und einem **Wassernapf**. Edelstahl-, Keramik- oder stabile Plastiknäpfe sind die beste Wahl, da sie auch leicht zu reinigen sind. Im Fachgeschäft erhalten Sie spezielle Futterstationen mit zwei Näpfen.

In solch einem kuscheligen Körbchen lässt es sich wunderbar dösen. Zudem ist es leicht zu reinigen.

Welches Zubehör ist nötig?

Damit Ihr Hund nach seiner Ankunft nicht vor einem leeren Napf sitzt, kaufen Sie ein hochwertiges Welpenfutter ein. Am besten lassen Sie sich hierbei vorab von Ihrem Züchter beraten. Ein guter Züchter gibt für etwa einen Monat das gewohnte Futter mit. Auch Belohnungsleckereien dürfen nicht fehlen.

Schlafplatz, Fellpflege und Spielzeug

Zudem benötigt Ihr Hund seinen eigenen Liegeplatz. Manchen Vierbeinern reicht eine einfache Decke oder ein Kissen, andere kuscheln sich lieber in einen **Korb**. Wichtig ist auch hier die Möglichkeit einer leichten, unproblematischen Reinigung, denn angemessene Sauberkeit und Hygiene sind eine wichtige Basis für ein langes, gesundes Hundeleben. Alle Decken und Kissen müssen maschinenwaschbar sein. Ein Korb wird von Zeit zu Zeit ausgeschrubbt und anschließend mit Ungezieferspray behandelt. Gut geeignet für Bulldoggen sind Hunde„körbe" aus stabilem, beißfestem Plastik. Dem Junghund, der noch alles annagen und zerbeißen will, halten Rattangeflecht und Kartonagen nicht lange stand. Außerdem bergen sie gesundheitliche Risiken durch Verschlucken der zerlegten Teile.

Ebenfalls praktisch und vielseitig verwendbar ist eine große Plastik-Transportbox oder ein Klappkäfig aus verchromtem Stahlgitter. Während Ihr Welpe darin bereits ein heimeliges Lager vorfindet, in dem Sie ihn während Ihrer Abwesenheit auch mal ausbruchssicher verwahren können, weiß später sogar Ihr erwachsener Bulldog diese Rückzugsmöglichkeit zu schätzen, vermittelt das Innere so einer Box doch die Geborgenheit einer Höhle. Bei einem Klappkäfig kommt dieses Höhlen-

Es genügt, wenn Sie Ihre pflegeleichte Englische Bulldogge einmal pro Woche bürsten.

feeling erst richtig auf, wenn Sie ihn noch mit einem großen Tuch abdecken. Käfig oder Box sind ebenfalls sehr hilfreich, Ihren Hund sicher im Auto unterzubringen. Eine ordnungsgemäße Sicherung des Vierbeiners in einem Auto ist übrigens Pflicht. Bei Verstoß drohen hohe Geldstrafen. Andere Sicherungssysteme für die Autofahrt sind beispielsweise ein spezieller Hundegurt, mit dem Sie Ihre Bulldogge

Fragen Sie Ihren Züchter nach dem gewohnten Futter und füttern Sie dieses am besten weiter – oder mischen Sie es langsam mit dem neuen Futter.

Vorüberlegungen und Anschaffung

EXTRA

Das richtige Hundespielzeug

auf der Rückbank anschnallen oder stabile Trenngitter, die den Schrägheckkofferraum, in dem Ihr Hund sitzt, sicher vom Personenabteil abtrennen.

Für die Beförderung in öffentlichen Verkehrsmitteln ist mancherorts ein Maulkorb vorgeschrieben, auch, wenn Ihr Hund ganz friedlich ist. Allerdings sind gängige Maulkörbe für Bulldoggen nicht passend, da sie durch die kurze Nase vom Kopf rutschen; sogenannte Maulschlaufen lassen sich etwas besser anbringen und erfüllen den vorgeschriebenen Zweck zumindest optisch.

Um für den Fellwechsel im Frühjahr und Herbst gerüstet zu sein, benötigen Sie einen Gumminoppenhandschuh und eine weiche Bürste. Außerdem für Schlechtwettertage Handtücher zum Abtrocknen und Säubern.

Schaffen Sie sich zudem eine Zeckenzange an, um Ihren wedelnden Freund schnell von den lästigen Plagegeistern befreien zu können.

Zu guter Letzt braucht Ihr vierbeiniger Jungspund natürlich Spielzeug.

Orientieren Sie sich bei der Auswahl von Hundespielzeug am besten an folgendem Grundsatz: Alles, was für Kleinkinder ungeeignet ist, kann auch für Hunde gefährlich werden. So sind spitze, scharfkantige und splitternde Gegenstände oder Dinge, in denen Drähte oder Nägel enthalten sind, für unsere Vierbeiner absolut tabu. Ebenfalls verboten sind Äste von giftigen Bäumen oder Sträuchern und lackierte Hölzer. Luftballons stellen eine Gefahr dar, weil sie zerbissen schnell heruntergeschluckt werden und eine Darmverschlingung hervorrufen können. Ihre Englische Bulldogge darf sich nicht an den Spielsa-

Spezielle Hundespielsachen aus Hartholz, Jute, Weichgummi, Stoff und reißfestem Nylon sind in aller Regel unproblematisch.

Kaufen Sie Hundespielzeug immer nach dem Gesichtspunkt: Wenn das Spielzeug für ein Kleinkind gefährlich sein kann, ist es auch für Ihren Welpen nicht geeignet.

chen Ihrer Kinder wie z.B. Legobausteinen sowie an Schnüren, Nylonstrümpfen, Windlichtern oder Plastikbechern vergreifen. Unproblematisch sind spezielle Hundespielsachen aus Hartholz, Jute, Hartgummi, Stoff und reißfestem Nylon. Kauspielzeug aus natürlichen Materialien, wie Rinder- und Büffelhaut, bietet nicht nur eine interessante Beschäftigung, sondern hat gleichzeitig einen gesundheitlichen Nutzen, denn es stärkt und reinigt das Gebiss. Bälle müssen immer so groß sein, dass Ihr Hund sie nicht verschlucken kann. Quietschspielzeug ist nur bedingt geeignet, denn ist Ihr Vierbeiner ein besonders eifriger „Spielzeug-Designer" zerlegt er auch ein Quietschtier schnell und

frisst möglicherweise sogar das quietschende Ventil. Zudem sind einige Kynologen der Meinung, dass ein Hund durch das ständige Quietschen die Beißhemmung gegenüber quiekenden Artgenossen verlernt. Besser bewährt haben sich Spielsachen aus robustem Hartgummi.
Ein begeisterter Apporteur sollte wegen der Splittergefahr auf Stöckchen aus dem Wald verzichten; besorgen Sie ihm stattdessen lieber Hartholzspielzeug aus dem Zoofachhandel oder schneiden Sie einen Gartenschlauch in bulldoggengerechte Stücke. Als Alternative gibt es Bringsel aus Jute oder Leder, die absolut maulschonend sind. Ein aus bunten Baumwollschnüren zusammengedrehter Knoten ist zwar sehr beliebt, kann jedoch gefährlich werden, wenn der Vierbeiner den Knoten zerlegt und zu viele Schnüre davon verschluckt.

Bevor Ihr Neuzuwachs bei Ihnen einziehen kann, gibt es noch einiges zu tun.

Welpensicheres Zuhause

Schon vor Einzug eines Welpen sollten Sie Ihr Zuhause auf mögliche Gefahrenquellen für den kleinen Vierbeiner hin überprüfen und diese gegebenenfalls beseitigen. In Haus und Garten lauern etliche Gefahren für die noch unerfahrene, verspielte Bulldogge, die ständig auf der Suche nach neuen Abenteuern ist. In erster Linie erkunden Welpen ihre Umgebung mit der Nase und mit den Zähnen, das heißt: alles, was Hund aufstöbert, muss beknabbert oder sogar gefressen werden. Kabel und mobile Mehrfachsteckdosen sind hier besonders gefährlich und gefährdet. Verlegen Sie Kabel daher entweder in Kabelkanälen oder lagern Sie diese, solange der Welpe noch in der Flegelphase ist, höher. Versehen Sie Steckdosen am Boden und in Nasenhöhe des vierbeinigen Knirpses vorsichtshalber mit Kindersicherungen. Putzmittel und Medikamente müssen Sie ebenfalls außer Reichweite der jungen Bulldogge aufbewahren. Erhöhte Vorsicht gilt bei Pflanzen, besonders, wenn sie giftig sind. Stellen Sie auch diese vorübergehend hoch oder quartieren Sie sie an einen anderen Ort um. Heruntergefallene Kleinteile wie Büroklammern, Stecknadeln oder Geldstücke bergen ein weiteres großes Gefahrenpotenzial, weil sie der Welpe aus Neugier fressen könnte. Besonders anziehend sind außerdem Schuhe. Häufig spüren Junghunde mit einer erstaunlichen Zielsicherheit gerade das teuerste Paar auf und zerlegen es; vielleicht waren Sie aber schon schneller und haben die Schuhe rechtzeitig in Sicherheit gebracht.

Ist die Ankunft gut vorbereitet, steht dem Einzug des Welpen nichts mehr im Weg.

Welpensicheres Zuhause

Hängen Sie auch Jalousie- und Rollobänder vorübergehend höher, denn das Fangen und Zerbeißen der „baumelnden" Schnüre ist ebenfalls sehr beliebt. Überall dort, wo es etwas auszuräumen gibt, ist der Welpe besonders interessiert. Sichern Sie daher Möbeltüren oder Schubladen, die Ihr abenteuerlustiger Vierbeiner eventuell andernfalls mit seiner Schnauze oder Pfote öffnet. Die Neugier eines jungen Hundes regt ein mit einem Vorhang abgehängtes Regal an; evakuieren Sie also rechtzeitig empfindliche Gegenstände. Höchst attraktiv sind auch Abfalleimer, deren Inhalt Ihre Englische Bulldogge auf vielfältige Art schädigen kann. Steigen Sie deshalb besser auf Abfalleimer mit fest verschlossenem Deckel um. Das wilde Toben des kleinen Rackers ist ebenfalls nicht ungefährlich, denn ist ein Welpe erst einmal in Fahrt, kennt er kein Halten mehr. Daher sichern Sie Treppen am besten mit einem Babygitter. Es empfiehlt sich generell, alles Zerbrechliche aus dem Weg räumen.

Zusammenfassend gilt Alles, was für Babys oder Kleinkinder in einem Haushalt gefährlich ist, kann auch für einen jungen Hund lebensbedrohlich werden. Richten Sie sich jedoch durch entsprechende Vorkehrungen rechtzeitig darauf ein, wird das Zusammenleben mit Ihrem Bulldoggenwelpen in der heißen (Flegel-)Phase sicherlich stressfreier sein.

Tipps für den Garten

Im Garten kann es für einen jungen Hund ebenfalls gefährlich werden. Denken Sie hier an Folgendes:

ⓘ *Umzäunen Sie Ihr Grundstück, damit sich Ihr Welpe nicht unerlaubt auf Wanderschaft begibt.*

ⓘ *Flicken Sie rechtzeitig vor Ankunft des Vierbeiners Löcher im bereits vorhandenen Zaun und sichern Sie zusätzlich die unteren Bereiche des Zaunes.*

ⓘ *Lagern Sie gefährliche Stoffe wie beispielsweise Frostschutzmittel für das Auto am besten in einem verschließbaren Schrank.*

ⓘ *Vorsicht mit der Aufbewahrung und Verwendung von Chemikalien im Garten (z.B. Dünger, Schneckenkorn etc.).*

ⓘ *Hängen Sie den Gartenschlauch sicherheitshalber auf.*

ⓘ *Bewahren Sie gefährliche Gartengeräte wie Scheren, Sägen, Rechen und Hacken außerhalb der Reichweite Ihres Hundes auf.*

ⓘ *Komposthaufen sollten für Ihren Bulldog unzugänglich sein.*

ⓘ *Vorsicht mit stacheligen Hecken und Büschen: Toben kann hier schnell ins Auge gehen!*

ⓘ *Sichern Sie einen eventuell vorhandenen Gartenteich.*

Auch Englische Bulldoggen sind sehr verspielt und können richtig aufdrehen.

Haltung

Die ersten Tage daheim

Für die Heimfahrt mit Ihrem Welpen sollten Sie sich viel Zeit lassen – schließlich ist für den Kleinen alles noch neu und ungewohnt.

Ein seriöser Züchter gibt seine Welpen geimpft und entwurmt, nicht vor der zehnten Lebenswoche ab. Am Abgabetag stattet er Sie mit dem Impfpass, der Ahnentafel (falls diese bereits vorliegt), Pflege-, Fütterungstipps und Futter für den Übergang aus. Außerdem sollten Sie auch eine Kopie des Wurfabnahmeberichtes erhalten. Vergessen Sie zur Abholung Ihres Hundekindes Welpenhalsband und Leine nicht. Wenn Sie berufstätig sind, nehmen Sie sich mindestens in den ersten zwei Wochen nach Einzug des Vierbeiners frei. Dies erleichtert nicht nur die Erziehung zur Stubenreinheit, sondern ist auch für die gesunde, seelische Entwicklung des Hundebabys sehr wichtig.

Lassen Sie sich für die Heimfahrt viel Zeit. Eine längere Autofahrt ist für Ihren Welpen neu und ungewohnt. Manchen Hundekindern wird zunächst einmal übel, einige speicheln daraufhin nur, andere müssen sich übergeben. Legen Sie unterwegs mehrere Pausen ein, in denen sich Ihr kleiner Bulldog lösen und bewegen kann. Fahren Sie langsam und knallen Sie nicht mit den Autotüren.

Ihr Welpe zieht ein

Geben Sie Ihrem Welpen nach Ihrer Ankunft zuhause erst einmal genügend Zeit und Möglichkeit, sein neues Domizil ausgiebig zu erkunden. Auf keinen Fall dürfen alle Familienmitglieder gleichzeitig auf ihn einstürmen. Damit der neue Mitbewohner nicht verängstigt und überfordert wird, ist in den ersten Stunden besondere Behutsamkeit angebracht. Zeigen Sie Ihrem Welpen seinen Schlafkorb. Setzen Sie ihn immer wieder hinein und beschäftigen Sie sich dort eine Weile mit ihm. Verbinden Sie dies schon von Anfang an mit z.B. dem Kommando „Körbchen". Bald hat der Kleine verstanden, dass der Korb sein Platz ist. Schnell lernt er auch, auf Befehl

Kümmern Sie sich ausgiebig um Ihren Welpen, aber gönnen Sie ihm auch viel Ruhe. Er hat noch ein sehr großes Schlafbedürfnis.

dorthin zu gehen. Hat sich die erste Aufregung für das Hundekind im neuen Heim etwas gelegt, bekommt es sein Futter. Ein zehnwöchiger Welpe braucht noch drei Mahlzeiten. Eine Futterumstellung darf nur langsam erfolgen. Daher mischen Sie am besten nach und nach das mitgegebene Futter des Züchters mit Ihrem eventuell neuen Futter. Bringen Sie den Welpen nach dem Füttern sofort ins Freie, damit er sich lösen kann. Verfahren Sie genauso, wenn Ihre junge Bulldogge nach dem Schlafen aufwacht.

Vergessen Sie nicht, dass ein Welpe wie ein Baby noch sehr viel Schlaf benötigt, ein Be-

Nach dem Füttern und wenn Ihre junge Bulldogge nach dem Schlafen aufwacht, bringen Sie sie möglichst sofort ins Freie, damit sie sich lösen kann.

Gemeinsames Spielen fördert die Beziehung zu Ihrer Englischen Bulldogge und so werden Sie und Ihr Vierbeiner bald ein echtes Dream-Team!

dürfnis, dem Sie unbedingt Rechnung tragen sollten. Stellen Sie das Körbchen zur Erleichterung der Eingewöhnung nachts zunächst direkt an Ihr Bett. Ist Ihr Hund sehr unruhig, legen Sie ihm einen Wecker unter sein Kissen. Das Ticken erinnert ihn an den Herzschlag der Mutter und beruhigt ihn. Werden Sie nicht schwach und lassen Sie den Welpen nicht ins Bett. Damit tun Sie sich und dem Hund keinen Gefallen. Für den kleinen Neuankömmling wäre dies bereits der erste Schritt in der Rangordnung mit Ihnen zu konkurrieren. Streicheln Sie den, in seinem Körbchen liegenden Vierbeiner lieber von Ihrem Bett aus in den Schlaf. Die zärtliche Berührung mit Ihrer Hand gibt ihm all die Geborgenheit und das Vertrauen, das er braucht, um als Hundebaby einem neuen aufregenden Tag entgegen zu schlafen.

Viel Geduld mit Tierheimhunden

Ein Second-Hand-Hund benötigt besonders viel Zeit zur Eingewöhnung. Um ein besseres Bild von seiner Persönlichkeit zu bekommen, beobachten Sie den Neuankömmling ganz genau. Rasch finden Sie heraus, ob Sie nun ein extremes Sensibelchen oder eher ein forsches Raubein im Haus haben. Lassen Sie Ihrem Neuzugang nichts durchgehen, was er auch später nicht tun darf. Ein ehemaliger Tierheimhund wird in einer neuen Familie zunächst mit Reizen überflutet, die er erst einmal in Ruhe verarbeiten muss. Trotzdem ist es wichtig, Ihre Bulldogge von Anfang an so natürlich wie möglich an Ihrem normalen Tagesablauf teil-

Tipp für Second-Hand-Hundebesitzer

Eine kompetente Hundeschule kann sehr hilfreich sein, um herauszufinden, welche Talente und Vorlieben Ihr Bulldog hat. Hier werden meist auch Spiel-, Spaß- und Sportkurse angeboten, die jeden Vierbeiner seinen Neigungen entsprechend fordern. Die intensive gemeinsame Beschäftigung mit Ihrer Englischen Bulldogge wird Ihre Bindung zueinander weiter fördern und Sie bald zu einem unzertrennlichen Dream-Team zusammenschweißen.

Die ersten Tage daheim

Für einen Second-Hand-Hund brauchen Sie, genau wie für einen Welpen, viel Zeit und Geduld.

haben zu lassen. Führen Sie sofort feste Fütterungs-, Spiel- und Spaziergehzeiten ein, damit Ihr vierbeiniger Kamerad bald seinen festen Rhythmus kennt. Hat sich die erste Aufregung gelegt, wird Ihr Hund auch Sie ganz genau beobachten. Einem Bulldog entgeht nichts. Er durchschaut schnell, wer in der Familie das Sagen hat und wer nicht und wo es Schwachstellen in der familieninternen Rangordnung gibt.

Daher ist es besonders wichtig, klare Regeln vorzugeben, die der Vierbeiner strikt einhalten muss. Ihre Bulldogge ist rasch ausgeglichen und glücklich, wenn sie sofort einen eindeutigen Platz in der neuen Lebensgemeinschaft einnimmt, mit einem Mensch an der Spitze, an dem sie sich orientieren kann.

Gegenseitiges Kennenlernen

Auf Ihren ersten Spaziergängen sehen Sie, wie sich Ihr vierbeiniger Neuzugang Artgenossen gegenüber verhält. Auch für einen erwachsenen Bulldog ist der regelmäßige Kontakt zu anderen Hunden wichtig. Stellen Sie Ihrem Vierbeiner möglichst bald, jedoch an der Leine gehalten, eventuelle andere Haustiere vor.

Hat Ihr bellender Kamerad in seiner Prägephase keine gute Sozialisierung erfahren, ist der Besuch einer Hundeschule empfehlenswert. Ein Second-Hand-Hund kann hier zusammen mit seinem Halter noch sehr viel lernen. Erziehungstechnisch brauchen Sie bei einem erwachsenen Hund meist nicht ganz bei Null anfangen, sondern können auf die bereits vorhandenen Grundlagen aufbauen. Wichtig ist, dass Ihr Vierbeiner nun Sie als neuen Hundeführer und somit Kommandogeber akzeptiert. Konsequenz und Einfühlungsvermögen ihrerseits sind dabei unerlässlich. Auch die richtige Motivation ist ein sicherer Garant für eine erfolgreiche und partnerschaftliche Erziehung. Nur so macht es Ihrer Bulldogge Spaß, Ihnen zu gehorchen.

Für alle Hunde ist regelmäßiger Kontakt zu Artgenossen wichtig. Gönnen Sie Ihrem Hund erlaubte Begegnungen und Spiele mit anderen Hunden.

Sozialisierung

Schon bei den Hundegeschwistern lernen die Welpen, wie sie miteinander umgehen müssen.

Bereits der Welpe muss mit möglichst vielen Umweltreizen vertraut gemacht werden, damit er später als erwachsener Hund einen stressfreien Alltag mit einem sozialverträglichen Verhalten gegenüber Mensch und Tier leben kann. Die wichtigste Zeitspanne für die Sozialisierung liegt zwischen der dritten und etwa der 16. Lebenswoche. Für die erste Phase ist also der Züchter verantwortlich: dort soll der Welpe nicht nur durch den Umgang mit seiner Mutter und den Wurfgeschwistern hündisches Verhalten lernen; auch möglichst viele positive Erfahrungen mit verschiedenen Menschen, einschließlich Kindern sind für die weitere Entwicklung des kleinen Vierbeiners wichtig. Deshalb sind bei einem verantwortungsvollen Züchter ab der vierten Woche Besucher willkommen, selbstverständlich wohl dosiert, um die Welpen nicht zu überfordern. Durch eine abwechslungsreiche Umgebung wird das Hundekind bereits mit diversen Umweltreizen vertraut gemacht. Dies kann beispielsweise ein interessanter, kleiner Abenteuerspielplatz im Welpenauslauf sein. Kurze Ausflüge sind dagegen erst erlaubt, wenn der Welpe komplett geimpft ist (ab der achten Lebenswoche). Hundekinder, die bis zu ihrer Abholung (und auch danach) völlig abgeschottet von ihrer Umwelt leben, tragen in der Regel irreparable Schäden davon, die sie an einer normalen Entwicklung

Sozialisierung

Gewöhnen Sie Ihren Welpen langsam an alle Geräusche und Situationen des Alltags – nur so wird er irgendwann ein gelassener Hund, der auch unbekannte Situationen souverän meistert.

hindern. Solche Hunde bleiben häufig ihr Leben lang unglückliche Sorgenkinder, die sich ständig als unsichere Angsthasen oder auch Beißer gebärden. Nach der Abholung Ihres Bulldogs vom Züchter liegt die weitere Entwicklung des Welpen in Ihrer Hand. Machen Sie ihn zuhause mit möglichst vielen Situationen bekannt: Sperren Sie ihn beispielsweise nicht weg, wenn Sie staubsaugen oder wenn Besuch kommt.

„Ich bin sooooo müde …". Nach ausgedehnten Toberunden schlafen Welpen erst einmal ausgiebig.

Dies bedeutet natürlich nicht, dass Sie sofort nach der Ankunft des Vierbeiners den Staubsauger schwingen oder gar eine große Party feiern sollen. Vielmehr macht's die richtige Dosierung, damit Ihre junge Bulldogge langsam, aber sicher alle Geräusche und Abläufe um sie herum als völlig normal ansieht. Leben noch andere Tiere bei Ihnen, gewöhnen Sie alle Vierbeiner ganz behutsam aneinander. Auf Stadtausflüge wird Ihr Welpe opti-

Haltung

Das gesittete Verhalten im Auto und in öffentlichen Verkehrsmitteln muss Ihr junger Vierbeiner erst lernen – gewöhnen Sie ihn frühzeitig daran.

Sie Ihren jungen Vierbeiner ebenfalls frühzeitig an die Mitnahme und das gesittete Verhalten im Auto und in öffentlichen Verkehrsmitteln.

Aus Erfahrungen lernen

Lassen Sie dem Welpen auf Spaziergängen genügend Zeit seine Umgebung ausgiebig zu erkunden. Lockern Sie den Ausflug zwischendurch mit kleinen Spielchen auf, die all seine Sinne anregen und auch das Interesse an Ihnen wecken. Auf diese Weise lernt Ihr Bulldog schon spielerisch, dass es sich lohnt, Ihnen zu folgen. Provozieren Sie Begegnungen mit Artgenossen, anderen Tieren und Menschen. Fangen Sie bereits spielerisch mit der Erziehung an, indem Sie Ihrer kleinen Bulldogge beispielsweise durch Ablenkung mit einem verlockenden Spielzeug beibringen, fremde Menschen nicht anzuspringen. Geht ein anderer Hundebesitzer mit seinem Vierbeiner auf Abstand, respektieren Sie sein Verhalten; vielleicht genoss sein Hund nicht so eine gute Sozialisierung wie Ihrer. Nehmen Sie Ihren Welpen dann lieber an die kurze Leine und gehen ohne direkten Kontakt am anderen Vierbeiner vorbei; schließlich muss Ihre Bulldogge auch lernen, sich selbst im Vorbeigehen manierlich zu verhalten. Wechseln Sie außerdem öfter mal die Wege. Das

mal vorbereitet, wenn Sie Großstadtgeräusche zunächst von einem Band abspielen. Am günstigsten ist dies während der Fütterung, denn dann verknüpft Ihr kleiner Bulldog die ungewohnten Geräusche gleich mit etwas Positivem. Steigern Sie die Lautstärke allerdings erst allmählich. Gewöhnen

Sozialisierung

Kennenlernen verschiedener Bodenuntergründe sowie von Wasser fällt ebenfalls in die wichtige Sozialisierungsphase. Absolut empfehlenswert ist der Besuch einer Welpenspielstunde in einer guten Hundeschule. Dort lernt der junge Vierbeiner zusammen mit gleichaltrigen Artgenossen, wie er sich hündisch korrekt verhält. Außerdem wird er hier mit unterschiedlichen Geräuschen und Gegenständen wie zum Beispiel einem aufgespannten Regenschirm, klappernden Töpfen oder flatternden Folien vertraut gemacht. Häufige Hundebesuche bei Ihnen daheim fördern eine gute Verträglichkeit mit Artgenossen; solche Besuche wirken sogar „Einzelkindallüren" entgegen, denn Ihr Bulldog steht dabei nicht mehr als vierbeiniger Alleinherrscher im Mittelpunkt.

Eine gut geführte Welpenschule ist nicht leicht zu finden, aber dafür Gold wert!

Mit einem guten Kumpel macht das Spielen noch viel mehr Spaß.

EXTRA

Welpenspielplatz zu Hause

Mit einem großen, offenen Karton lassen sich tolle Dinge anstellen – Ihrer Bulldogge wird viel einfallen.

ⓘ Stellen Sie einen großen, offenen Karton auf, den Ihr Vierbeiner nach Herzenslust erkunden und anschließend auch zerlegen darf, allerdings nur unter Aufsicht, damit keine Teile verschluckt werden können.

ⓘ Legen Sie eine Leiter auf den Boden und führen Sie Ihre junge Bulldogge langsam darüber. Hier ist Koordination gefragt, denn Ihr Hund lernt, seine Pfoten genau in die Leerräume zwischen den Sprossen zu setzen.

ⓘ Stellen Sie eine Hundetransportbox mit geöffneter Tür auf und verteilen Sie in der Box Leckerli: So wird der Welpe schon spielerisch mit der Box vertraut gemacht, verknüpft sie mit etwas Positivem (Futter) und empfindet später die Reise darin als etwas ganz Normales.

Mit einfachen und ganz alltäglichen Dingen können Sie Ihrem Welpen leicht einen Abenteuerspielplatz für zuhause kreieren. Führen Sie Ihr Hundekind an alle Stationen langsam heran und zeigen Sie ihm alles ganz behutsam. Vergessen Sie nie ein ausgiebiges Loben, wenn der Welpe mutig erkundet. Seien Sie geduldig mit Angsthasen und bestätigen Sie diese für jeden kleinen Schritt mit Leckerli und freundlicher, beruhigender Stimme:

ⓘ Befestigen Sie an einer Wäscheleine alte Stofffetzen: Hier lernt der Kleine, sich nicht von flatternden Dingen aus der Ruhe bringen zu lassen. Eine Stufe schwieriger wird's mit Folienresten, denn diese rascheln auch noch.

ⓘ Legen Sie eine große Malerfolie auf dem Boden aus: dies ist ein unbekannter, raschelnder und glatter Untergrund, den es zu betreten gilt. Streuen Sie für Zaghafte Leckerli auf der Folie aus.

ⓘ Lassen Sie zunächst in großer (!) Entfernung vom Welpen eine aufgeblasene Butterbrottüte platzen, sodass er den Knall erst nur sehr gedämpft hört. Zusätzlich kann er währenddessen von einer zweiten Person abgelenkt werden. Wenn sich der Hund entspannt hat, ausgiebig loben und belohnen. Erhöhen Sie ganz langsam die Intensität des Geräusches. Auf diese Weise lernt ein Welpe Silvesterknallerei und Donnergrollen zu trotzen. Selbstverständlich funktioniert diese Übung auch wieder über eine aufgenommene Kassette oder CD, aber die Geräuschkulisse wie immer bitte maßvoll beginnen und nur langsam steigern.

Ein Spielplatz zu Hause ersetzt auf keinen Fall die Welpenschule, ist aber eine tolle Ergänzung. Zu zweit tobt es sich auch daheim noch besser …

ⓘ Haben Sie ein Zelt, so stellt auch das ein interessantes Erkundungsobjekt dar, das sowohl durch die Überdachung, als auch durch den Zeltboden neu und aufregend ist.

ⓘ Stellen Sie zum genauen Erforschen einen aufgespannten Sonnenschirm auf den Boden, legen Sie als Lockmittel Leckerli darunter aus.

ⓘ Legen Sie einen Eimer auf den Boden und lassen Sie ihn erkunden.

Nach dem Spielen ist Ihr Welpe sicher hundemüde und wird sein Körbchen aufsuchen.

Bitte beachten Sie, dass dieser Spielplatz für zu Hause auf keinen Fall das Welpenspielen auf einem Hundeplatz ersetzt. Es stellt lediglich eine gute Ergänzung dar, die Ihren Hund anderen Alltagssituationen gegenüber selbstbewusster und gelassener werden lässt.

Haltung

So finden Sie die passende Hundeschule

Inzwischen gibt es an vielen Orten Hundeschulen und Tiertrainer. Welche Möglichkeiten Sie in Ihrer Region haben, wissen in der Regel Tierärzte, örtliche Tierheime oder andere Hundehalter. Auch überregionale Verbände und Organisationen sind kompetente Ansprechpartner. Haben Sie nun eine kon-

Auch ausgelassene Spielrunden sollten auf einem (am besten eingezäunten!) Hundeplatz erlaubt sein.

krete Hundeschule im Auge, prüfen Sie das Angebot mit dem folgenden Fragenkatalog genau (Kasten links).

Merken Sie, dass Sie mit dem Trainer oder der angebotenen Methode nicht zurechtkommen, wechseln Sie die Hundeschule. Handeln Sie immer im Interesse Ihres Hundes. Nur ein Bulldog, der Spaß an der Sache hat, lernt gerne und leicht. Auch Sie können in einer kompetenten und sympathischen Hundeschule nette Freundschaften und Kontakte mit Gleichgesinnten knüpfen und einen wichtigen Erfahrungsaustausch pflegen.

> ⓘ *Ist der Trainer schon am Telefon bereit, ausführlich Fragen zu beantworten und fragt er Sie auch viel über Sie und Ihren Hund?*
>
> ⓘ *Nach welcher Methode wird trainiert?*
>
> ⓘ *Kann der Trainer eine fundierte Ausbildung nachweisen und ist er offen für alle Rassen und Mischlinge?*
>
> ⓘ *Gibt es ein (eingezäuntes!) Trainingsgelände, auf dem die Hunde in Trainingspausen auch mal miteinander spielen dürfen?*
>
> ⓘ *Wie groß sind die Trainingsgruppen? Zu große Gruppen lassen kaum noch Spielraum für die genaue Beobachtung und Beratung eines jeden Einzelnen.*
>
> ⓘ *Gibt es auch Einzelstunden für individuelle Probleme?*
>
> ⓘ *Stehen die Kosten in einem vernünftigen Verhältnis zum Angebot?*
>
> ⓘ *Sind ein anfängliches Zusehen sowie ein Probetraining möglich?*
>
> ⓘ *Stimmt die Chemie zwischen Ihrer Englischen Bulldogge und dem Trainer sowie zwischen Ihnen und dem Trainer?*
>
> ⓘ *Freut sich Ihr Hund, wenn es auf den Hundeplatz geht, hat er Spaß am Training?*
>
> ⓘ *Macht Ihr Hund langfristig Fortschritte?*

Beobachten Sie genau, ob Ihr Bulldog Spaß am Training hat.

Erste Erziehungsschritte

Absolut unerwünscht ist das Beknabbern und Zerbeißen von Schuhen, Socken oder Ähnlichem.

Häufig lassen sich gerade Ersthalter vom süßen Blick und putzigen Verhalten ihres neuen Familienmitglieds einwickeln und verschieben die Erziehung des kleinen Rackers zunächst einmal auf unbestimmte Zeit. Machen Sie diesen Fehler nicht, denn ein Welpe ist bis zur 18. Lebenswoche am aufnahmefähigsten; nützen Sie also diese Zeit und fangen Sie sofort mit einer spielerischen Erziehung an. Ganz entscheidend für die Lernbereitschaft und damit auch die Lernfähigkeit ist das Lernklima. Stress und Angst sind Gift für ein erfolgreiches Lernen; sicherlich können Sie das aus eigener Erfahrung gut nachvollziehen. Verschaffen Sie Ihrem Hund daher eine ruhige, angenehme und entspannte Atmosphäre, in der er, verstärkt durch die richtige Motivation, Spaß am Lernen hat.

Stubenreinheit

Ein Welpe braucht wie ein Menschenbaby zunächst ein gewisses Bewusstsein dafür, wo er sich lösen darf und wo nicht. Bei der Erziehung zur Stubenreinheit ist viel Behutsamkeit angebracht; überfordern Sie Ihren kleinen Bulldog nicht. Bringen Sie ihn nach jeder Mahlzeit, gleich nach dem Aufwachen und nach Spielrunden zum Lösen ins Freie. Beobachten Sie Ihr Hundekind ganz genau, denn auch, wenn

Wie lernt ein Welpe?

ⓘ *Welpen sind ganz genaue Beobachter und lernen somit rasch, wovor Sie Angst haben, wen Sie mögen und wen nicht; auch die familieninterne Rangordnung durchschauen sie schnell.*

ⓘ *Welpen sind Praktiker; vieles lernen sie durch Erfahrung, wie schlechte oder gute Erlebnisse, Bestrafung und Lob.*

ⓘ *Das genaue Lernverhalten eines Welpen ist abhängig von seinem individuellen Charakter, seiner Intelligenz und seinen speziellen, angeborenen Neigungen*

Haltung

Beobachten Sie Ihr Hundekind ganz genau, schnüffelt es beispielsweise breitbeinig am Boden, so ist schnelles Handeln nötig, denn gleich darauf kann ein Pfützchen folgen.

er beispielsweise breitbeinig am Boden schnüffelt, ist schnelles Handeln angebracht, denn postwendend kann ein Pfützchen folgen. Verrichtet der Kleine draußen sein Geschäft, loben Sie ihn unbedingt überschwänglich.

Stellen Sie anfangs für die Nacht in Ihrem Schlafzimmer das Welpenlager auf, damit Sie bemerken, wenn Ihr Welpe unruhig wird, weil er hinaus muss. Bulldoggen „melden" sich oft nur lautlos, dass heißt sie stellen sich einfach vor die Tür und warten, damit man sie raus lässt. Ein Winseln oder Bellen bleibt meist komplett aus. Entdecken Sie ein Pfützchen im Haus, entfernen Sie es stillschweigend und gründlich, damit Ihr Welpe nicht wieder, von seinem eigenen Geruch angezogen, an derselben Stelle uriniert. Ertappen Sie ihn gerade beim Lösen, heben Sie ihn mit einem bestimmten „Nein" hoch und tragen Sie ihn ins Freie. Fährt er dort mit seinem Geschäft fort, loben Sie ihn wieder ausgiebig. Unterlassen Sie tunlichst das Hineinstupsen der Hundenase in die Hinterlassenschaften des Welpen,

Ihr Hund hat noch mehr Spaß am Lernen, wenn Sie ihm eine ruhige, angenehme und entspannte Atmosphäre verschaffen.

Plötzliche Unsauberkeit

*Unsauberkeit im Erwachsenenalter kann viele Gesichter haben. Um eine organische Ursache abzuklären, suchen Sie zunächst einen Tierarzt auf. Kann dies zweifelsfrei ausgeschlossen werden, begeben Sie sich in Ihrem Umfeld bzw. in der Seele Ihres Hundes auf Spurensuche. Fühlt sich Ihr Hund einsam oder vernachlässigt, verkraftet er einen eventuellen Umzug nicht, ist er eifersüchtig oder wird er gar von Artgenossen aus der Umgebung gemobbt? Oftmals steckt ein psychisches Problem des möglicherweise unverstandenen Vierbeiners dahinter. Auf keinen Fall dürfen Sie Ihren Hund für seine plötzliche Unsauberkeit bestrafen. An erster Stelle muss stets die Ursachenforschung stehen. Daraufhin folgt eine Verhaltensänderung seitens des Besitzers und schließlich auch des Hundes. Unterstützend hat sich der Einsatz von **Bachblüten** bewährt. Um jedoch differenziert auf das jeweilige Problem des Vierbeiners eingehen zu können, empfiehlt sich anstelle einer willkürlichen Eigenmedikation ein ausführliches Gespräch mit einem veterinärmedizinisch erfahrenen Bachblütentherapeuten.*

Erste Erziehungsschritte

Englische Bulldoggen liebe warme und weiche Hundeplätze.

> **Vorsicht mit Flexileinen**
>
> *Verwenden Sie aufrollbare Flexileinen erst, wenn Ihr Hund zuverlässig leinenführig ist, ansonsten könnte ihn die vermeintlich gegebene Freiheit durch die Länge dieser Leine zu einem stetigen Ziehen verleiten.*

denn dies hat keinerlei Lerneffekt, ist Tierquälerei und somit als Strafe völlig ungeeignet; es führt nur zu einem Vertrauensbruch zwischen Ihnen und Ihrer Bulldogge.

Anfangs sollten Sie Ihr Hundekind vorsichtshalber alle ein bis zwei Stunden hinausbringen. Je aufmerksamer Sie Ihren Welpen beobachten und je schneller Sie dann reagieren, umso rascher wird Ihr Vierbeiner stubenrein.

Leinenführigkeit

Mit ein paar Tricks können Sie Ihrem Welpen ein ordentliches Gehen an der Leine schnell beibringen. Bleiben Sie dabei dauerhaft konsequent, gewöhnt sich Ihre Bulldogge auch später kein übermäßiges Ziehen an. Machen Sie Ihr Hundekind zunächst einmal spielerisch mit seiner Leine vertraut. Lassen Sie den Welpen ausgiebig daran schnuppern und zeigen Sie ihm, dass hiervon absolut keine Gefahr für ihn ausgeht. Dann leinen Sie Ihren Vierbeiner an und locken ihn mit einem Leckerli oder seinem Lieblingsspielzeug, sodass er ein paar Schritte an der Leine geht. Loben und belohnen Sie ihn ausgiebig, wenn er die Leine vergisst und Ihnen folgt. Geben Sie nicht nach, wenn er sich stur stellt, sich hinsetzt oder fallen lässt. Setzen Sie sich unbedingt spielerisch durch, denn einige Vierbeiner testen bei dieser Übung bereits, wie weit sie mit ihrem Sturköpfchen gehen können.

Versuchen Sie Ihren Welpen in einem solchen Fall abzulenken, machen Sie sich interessant und locken Sie ihn zu sich. Eine weitere Möglichkeit besteht darin, die Leine fallenzulassen, weiterzugehen und den Namen des Welpen zu rufen. Da der Kleine nicht alleingelassen werden möchte, wird er Ihnen automatisch folgen. Nun loben Sie ihn überschwänglich und geben Sie ihm ein Leckerchen oder sein Lieblingsspielzeug. Diese Übung sollten Sie natürlich nicht an einer Straße durchführen. Die richtige Motivation spielt für

Spielzeug ist für Welpen ein tolles Lockmittel, um eine anfangs störende Leine schnell zu vergessen.

Haltung

Gehen Sie doch öfter mal einen neuen Weg, so bleiben die täglichen Spaziergänge abwechslungsreich.

Verzögerungstaktik bei Leinenzug

Eine gute Leinenführigkeit erreichen Sie auch, wenn Sie stehen bleiben, sobald sich die Leine spannt; sprechen Sie nicht mit Ihrem Hund und ziehen Sie auch selbst nicht an der Leine, sondern warten Sie einfach ab. Stoppt der Spaziergang, wird sich Ihr haariger Begleiter schnell umdrehen, um zu sehen, warum es eine Verzögerung gibt. In diesem Moment lockert sich die Leine: loben Sie Ihren Vierbeiner sofort ausgiebig und setzen Sie Ihren Gang in die genau entgegengesetzte Richtung fort. Diese Übung verlangt viel Ruhe und Ge-

den jungen Hund stets eine entscheidende Rolle. Jeder Schritt in die richtige Richtung wird ausgiebig gelobt.

Akzeptiert Ihr Bulldog die Leine, geht es daran, ihn gar nicht erst zum Ziehen zu verleiten. Sobald sich die Hundeleine spannt, rufen Sie Ihren Hund zu sich und klopfen Sie sich dabei gleichzeitig aufmunternd ans Bein. Machen Sie Ihren Hund auf Sie aufmerksam, indem Sie ein Leckerli oder das Lieblingsspielzeug Ihres Vierbeiners in der Hand halten. Sprechen Sie immer wieder mit Ihrem Bulldog und motivieren Sie ihn mit Spaß, an lockerer Leine bei Ihnen zu bleiben. Kommt Ihr kleiner Schüler zu Ihnen und bleibt er auch bei Ihnen, loben Sie ihn ausgiebig. Die täglichen Spaziergänge werden für Sie beide interessanter, wenn Sie öfters neue Wege gehen.

Übertriebene Leinenführigkeit

Einige Hundeführer lassen Ihre Vierbeiner an der Leine nur streng Bei-Fuß gehen; als Dauerzustand ist dies sicherlich übertrieben. Der Hund hat durch das ständige Bei-Fuß-Gehen keine Möglichkeit mehr, unterwegs stehen zu bleiben und zu schnüffeln. Da das Lesen und Setzen von Duftmarken für den Vierbeiner zu einem intakten Sozialverhalten und der internen Kommunikation mit Artgenossen gehört, macht ihm solch ein strenger Spaziergang schlicht und einfach keinen Spaß.

Ein kleiner Zug nach vorne ist hin und wieder erlaubt und noch nicht als mangelnde

Leinenführigkeit anzusehen. Gönnen Sie Ihrem vierbeinigen Kamerad möglichst oft leinenfreie Phasen, in denen er sich nach Herzenslust so richtig austoben darf.

Erste Erziehungsschritte

Ihre Bulldogge hat sicher schnell verstanden, dass auf ihr Ziehen an der Leine ein sofortiger Stillstand mit anschließendem Richtungswechsel erfolgt. Zieht sie nicht an der Leine, folgen Lob und Spaß.

duld. Zunächst sind etliche Wiederholungen nötig, doch bald hat Ihre Bulldogge verstanden, dass auf ein Ziehen an der Leine ein sofortiger Stillstand und anschließender Richtungswechsel erfolgt, kein Leinenzug jedoch viel Lob und Spaß bringt.

Um übermäßiges Ziehen an der Leine einzudämmen, ist ein Leinenruck- oder -zug Ihrerseits nicht empfehlenswert: dies kann die empfindliche Halswirbelsäule und den Kehlkopf massiv verletzen. Außerdem zeigen Sie dem Hund genau *das* Verhalten, welches Sie ihm

Sie können Ihre Englische Bulldogge bestimmt nicht immer und überall hin mitnehmen, daher muss sie schon von klein auf das gesittete Alleinbleiben lernen.

eigentlich abgewöhnen wollen. Ziehen Sie auch dann nicht an der Leine, wenn Ihr Vierbeiner längere Zeit schnüffelt und nicht weiter gehen will. Motivieren Sie ihn lieber mit aufmunternden Worten oder einer Spielaufforderung, Ihnen zu folgen. Das Weitergehen können Sie sogar üben, indem Sie immer das gleiche Kommando wie beispielsweise „Weiter" sowie eine auffordernde Handbewegung verwenden. Am schnellsten lernt Ihr Hund diese Übung unangeleint auf einer Wiese; weil sich Hunde sehr an Ihrer Körpersprache orientieren, ist es wichtig, dass Sie nach der gesprochenen Aufforderung „Weiter" auch wirklich weiter gehen und nicht stehen bleiben. Folgt Ihnen Ihr Bulldog, loben Sie ihn sofort wieder kräftig und geben Sie ihm ein Leckerli oder spielen Sie zur Belohnung mit ihm.

Alleinbleiben

Nicht immer wird es Ihnen möglich sein, Ihre Englische Bulldogge mitzunehmen, daher muss sie schon von klein auf auch das gesittete Alleinbleiben lernen. Lassen Sie Ihren Hund zunächst nur kurz allein und zwar erst, wenn er sich in ihrer Umgebung ganz sicher und geborgen fühlt. Verlassen Sie das Zimmer, wenn er schläft oder mit einem Spielzeug

Haltung

Viele Hunde haben während des Alleinseins nur Unsinn im Kopf; ein abwechslungsreiches Animationsprogramm kann hier Abhilfe schaffen.

beschäftigt ist. Liegt Ihr Welpe bei Ihrer Rückkehr noch brav auf seinem Platz, loben Sie ihn. Vergrößern Sie langsam die Zeitspanne und gehen Sie schließlich ganz aus dem Haus. Machen Sie kein Drama aus Ihrem Weggang und verabschieden Sie sich nicht groß. Je mehr Aufhebens Sie um Ihren Aufbruch und Ihre Rückkehr machen, umso eher erziehen Sie Ihren Vierbeiner zu späterer Trennungsangst. Loben und belohnen Sie ihn jedoch, wenn er brav auf Sie gewartet hat.

Trotz aller Übung gibt es immer wieder „Härtefälle", die sich sehr schwer mit dem gesitteten Alleinbleiben tun. Solchen Hunden können Sie die Zeit des Wartens mit einem kleinen Animationsprogramm versüßen.

Rezepte gegen Langeweile

Bevor sich Ihr Hund über Gardinen, Möbel oder andere Einrichtungsgegenstände hermacht, stellen unzerstörbare Spielzeuge eine willkommene Abwechslung dar, um den hündischen Frust abzureagieren.

Vergräbt Ihr Hund gerne Leckereien, hat es sich bewährt, ihm Plätze in der Wohnung dafür einzurichten, an denen er nach Herzenslust „graben" darf. Hierfür verteilen Sie beispielsweise ausgediente Handtücher oder Decken an verschiedenen Stellen eines Raumes. Dies schützt auch davor, einen feuchtklebrigen Kauknochen oder ähnliches abends im eigenen Bett zu finden.

Interessanter ist das Warten ebenfalls mit einem Futterball oder „Kong" aus dem Zoofachhandel, der nur ab und zu, bei bestimmten Bewegungen über verschieden große Öffnungen Leckerlis frei gibt; hierbei ist von Ihrer Bulldogge Geduld und Geschicklichkeit gefordert. Auf jeden Fall ist sie dadurch von anderem Schabernack abgelenkt.

Ihr Bulldog fühlt sich auch nicht so einsam, wenn in Ihrer Abwesenheit das Radio läuft.

Da geteiltes Leid bekanntlich halbes Leid ist, wäre eine andere Möglichkeit, sich einen zweiten Hund anzuschaffen, bzw. seinen Hund eventuell vorübergehend mit einem befreundeten „Leihhund" aus der Nachbarschaft zu vergesellschaften. Dies hat schon so manchen Quälgeist zur Vernunft gebracht, sodass er inzwischen sogar alleine und, ohne außerplanmäßige Dummheiten zu machen, auf Herrchens Heimkehr wartet.

Schimpfen Sie Ihren Vierbeiner nicht, wenn er während Ihrer Abwesenheit etwas ange-

> ### Weitere Tipps
> *Das Alleinebleiben fällt Hunden leichter, die müde sind. Gehen Sie daher vorher mit Ihrem Vierbeiner spazieren oder spielen Sie mit Ihm. Auch satte Hunde sind schläfrig. Es empfiehlt sich also außerdem, Ihren Bulldog vor Ihrem Weggang zu füttern. Lassen Sie ihn anschließend aber noch einmal nach draußen, damit er sich lösen kann. Viele Hunde tröstet schon ein vertrautes Kleidungsstück wie ein ausrangierter Socken oder eine alte Jacke von Ihnen im Körbchen.*

Erste Erziehungsschritte

Das Alleinebleiben fällt Hunden leichter, die müde sind. Gehen Sie daher vorher mit Ihrem Vierbeiner spazieren.

In der Flegelphase stellt der Vierbeiner häufig allerhand Unfug an. Manche Hunde sind hierbei unglaublich einfallsreich. Lasten Sie deswegen Ihre Bulldogge körperlich und geistig aus.

stellt hat; dafür müssten Sie ihn wirklich auf frischer Tat ertappen, ansonsten bringt er die Bestrafung nur mit Ihrer Rückkehr, nicht aber mit seinem Vergehen in Zusammenhang. Ignorieren Sie Ihre Bulldogge lieber, bis Sie alle Spuren beseitigt haben.

Abgewöhnen von Jugendsünden

Etwa ab dem achten Lebensmonat beginnt die Flegelphase eines Junghundes. In diese Zeit fällt auch die Geschlechtsreife des Vierbeiners. Nun testet Ihre Englische Bulldogge vermehrt aus, wie weit sie gehen kann, und ob sie Ihnen wirklich gehorchen muss oder nicht. Außerdem stellt der Jungspund allerhand Unfug an; manche Hunde sind hierbei sehr erfinderisch. Kein Wunder, schließlich suchen sie mit ihrem aufmüpfigen Verhalten ihre genaue Rangposition innerhalb des Familienrudels. Spätestens jetzt ist ein konsequentes Grenzensetzen enorm wichtig, ansonsten wächst Ihnen Ihre Bulldogge schnell über den Kopf. Achten Sie unbedingt auf feste sowie klare Regeln und einen strukturierten Tagesablauf. Nur so merkt Ihr Vierbeiner, wer in der Familie das Sagen hat; er orientiert sich daran und passt sich an.

Knabber- und Beißspiele

Absolut unerwünscht ist das Beknabbern und Zerbeißen von Schuhen oder ähnlichem. Der vierbeinige Teenager zwickt auch gerne in Hände, Füße und (Hosen-)Beine. Zwar ist das Knabbern nicht generell schlecht, immerhin nimmt der Junghund damit seine Umgebung ganz genau unter die Lupe; neue Dinge lernt er also auf diese Weise erst einmal kennen. Trotzdem müssen Sie dieses Verhalten zuhause in die richtigen Bahnen lenken. Am besten bekommt Ihr Bulldog gar keine Gelegenheit, an Ihre Schuhe oder Socken zu gelangen. Hat er doch einmal etwas Unerlaubtes zwischen den Zähnen, nehmen Sie es ihm mit einem energischen „Nein" weg. Nach einer kurzen Pause lenken Sie ihn

Haltung

Bekommt Ihr Hund Leckerbissen vom Tisch, brauchen Sie sich über penetrantes Betteln nicht zu wundern.

mit einem kleinen Spiel ab, und geben ihm anschließend ein erlaubtes Kauspielzeug. In dieser Phase ist es besonders wichtig, dem Vierbeiner genügend „legale" Knabberspielsachen aus Hartgummi, Hartholz oder der zweiten Rinderhaut zur Verfügung zu stellen, denn häufig kaut der Welpe schon aus Langeweile. Ebenfalls unerlässlich ist natürlich eine angemessene Auslastung durch Spaziergänge und Spiele.

Vergreift sich Ihre Bulldogge im Spiel an Ihrer Hand, reagieren Sie erneut mit einem „Nein" und beenden Sie das Spiel sofort. Bald stellt der Kleine sein Zwicken ein, denn der stets folgende Spielentzug macht das Beißen unattraktiv.

Betteln

Geben Sie Ihrem Hund einen Leckerbissen vom Tisch, erziehen Sie ihn regelrecht zum Betteln. Selbst wenn Sie dieses Verhalten nicht stört, fällt Ihr Junghund und damit auch Ihre Erziehung bei Besuchern oder in einer eventuellen Pflegestelle doch sehr negativ auf. Damit es erst gar nicht so weit kommt, richten Sie Ihrem Vierbeiner von Anfang an einen eigenen, festen Futterplatz ein; nur hier wird er gefüttert. Während Ihrer Mahlzeit muss Ihr Vierbeiner auf seinem Platz liegen. Wollen Sie ihm dennoch ein kleines Stückchen Wurst oder Käse von Ihrer Brotzeit abgeben, füttern Sie es Ihrem Hund trotzdem erst, wenn Sie mit Essen fertig sind.

Futterklau

Viele Hunde stehlen bei jeder Gelegenheit alles Essbare vom Tisch. Da es sich hierbei um ein selbst belohnendes Verhalten handelt, ist dies dem Vierbeiner nur schwer abzugewöhnen: der Hund wird mit dem geklauten Futter umgehend für seine Tat belohnt. Diese Verstärkung bringt Ihren Hund also dazu, die unerlaubte Handlung immer wieder durchzuführen. Am besten lassen Sie nichts Essbares in Reichweite Ihrer Bulldogge liegen.

Schimpfen Sie Ihren Hund nur, wenn Sie ihn auf frischer Tat ertappen, ansonsten hat er sei-

Befindet sich Ihr Hund bereits auf gleicher Höhe mit dem Tisch, ist der Weg zum Futterklau nicht mehr weit.

nen Diebstahl vergessen und bringt die Strafe mit Ihrer Rückkehr in Verbindung. Einen Futterklau können Sie auch provozieren und gleich mit einem schlechten Erlebnis für den Vierbeiner kombinieren: träufeln Sie beispielsweise etwas Zitronensaft über Ihr verlockendes Essen und lassen Sie Ihren Vierbeiner damit alleine. Möchte er nun den vermeintlichen Leckerbissen klauen, wird er sein saures Wunder erleben und Ihr Essen in Zukunft meiden.

Springen auf Möbel

Weil Hunde erhöhte Sitz- und Liegeplätze lieben, springen sie gerne auf das Bett, die Couch oder einen Sessel. Neben dem gemütlichen Liegekomfort spielt hier auch die tolle Rundumsicht, mit der Hund stets alles im Blick hat, eine Rolle. Im Prinzip spricht nichts dagegen, wenn Ihre Englische Bulldogge auf Kommando hinauf- und wieder hinabspringt. Tut sie das nicht, oder nur unter Protest, lassen Sie sie gar nicht mehr nach oben. Den Hund hierfür zu bestrafen nützt allerdings wieder nur, wenn Sie den Täter prompt überführen. Machen Sie Ihrem Vierbeiner bevorzugte Liegeflächen wie Bett oder Couch während Ihrer Abwesenheit so ungemütlich wie möglich: legen Sie eine dünne Decke aus, unter der Sie lärmende Gegenstände wie Topfdeckel oder mit Kieselsteinen gefüllte Blechdosen verstecken. Springt Ihr Hund nun auf das so präparierte Sofa, erschreckt er durch die laut scheppernden Dinge. Auch der Liegekomfort ist dadurch stark beeinträchtigt, Ihre Couch verliert somit schnell

Damit übermäßiges Bellen aus Langeweile unterbleibt, ist eine auslastende Beschäftigung wichtig.

ihren Reiz. Manchmal reicht es sogar schon, den verbotenen Platz mit beidseitigem Klebeband zu präparieren: Bei jeder Berührung zieht es, weil einige Haare daran hängen bleiben.

Übermäßiges Bellen

Dauerkläffen kommt bei Englischen Bulldoggen eher selten vor; stellt sich dieses Verhalten jedoch ein, kann es verschiedene Ursachen haben. Viele Hunde bellen, um mehr Aufmerksamkeit zu bekommen. Ihre wütende Reaktion reicht ihnen meist schon als Bestätigung und Motivation, weiterzumachen. Andere Vierbeiner bellen aus Unsicherheit oder

Hunde lieben erhöhte Aussichtsplätze. Aber aufs Sofa sollte der Bulldog nur mit Ihrer Erlaubnis dürfen und vor allem ohne Murren wieder herunterspringen.

Haltung

Angst: etliche sensible Vertreter werden gerade während Ihrer Abwesenheit aus Verlassensangst laut (siehe Kapitel „Alleinbleiben"). Manchen Kläffern wurde das Bellen auch unbewusst anerzogen: gerade bei Junghunden wird das Anschlagen häufig in bestimmten Situationen durch eine Belohnung gefördert. Oft steigern sich Hunde immer weiter in ihr Kläffen hinein. Um übermäßiges Bellen abzustellen, ist in erster Linie eine intensive, auslastende Beschäftigung wichtig. Fordern Sie Ihre Bulldogge mit einer alternativen Aufgabe. Loben und belohnen Sie Ihren Hund in Bellpausen ausgiebig. Lassen Sie Ihren redseligen Vierbeiner während seiner „Arie" ins „Platz" gehen: im Liegen fühlen sich Hunde unsicherer und möchten nicht noch zusätzlich auf sich aufmerksam machen. Auch ein großer Kauknochen kann hilfreich sein.

Bei übermäßigem Bellen im Garten oder auf dem Balkon wirkt eine Wasserpistole mit größerer Reichweite Wunder: Ihr Bulldog wird überraschend getroffen und verbindet die Strafe nicht mit Ihrer Hand.

Grundkommandos

„Sitz"
Sobald Ihr Bulldog zuverlässig auf seinen Namen reagiert, beginnen Sie mit der „Sitz"-Übung. Nehmen Sie hierfür ein Leckerli in die Hand, zeigen Sie es Ihrem Hund, damit er aufmerksam wird, aber geben Sie es ihm noch nicht. Führen Sie nun den Futterbrocken langsam an der Nasenspitze des Vierbeiners vorbei nach oben und dann nach hinten, in Richtung Hundestirn. Da Ihr haariger Schüler dem verlockenden Leckerbissen folgen möchte, muss er sich am Ende Ihrer Handbewegung zwangsläufig hinsetzen. Belohnen Sie ihn jetzt sofort mit der Leckerei, sagen Sie dabei das Kommando „Sitz" und loben Sie ihn ausgiebig. Wiederholen Sie diese Übung mehrmals täglich. Setzt sich Ihr Vierbeiner nicht hin, drücken Sie zusätzlich sanft sein Hinterteil nach unten. Loben und belohnen Sie sofort, wenn er sitzt und geben Sie auch den Befehl „Sitz". Klappt die Lektion schließlich auf Kommando, verwenden Sie zusätzlich zur Sprache ein Sichtzeichen (z.B. erhobener Zeigefinger). Später genügt das visuelle Signal, damit Ihre Bulldogge absitzt. Das Erlernen von Sichtzeichen kann Ihnen und Ihrem Hund vor allem auf die Entfernung hin sehr nützlich sein. In der Regel lernen Hunde das „Sitz" sehr schnell.

> **Bulldog aufgepasst!**
> *Üben Sie mit Ihrer Bulldogge nur, wenn Sie ihre volle **Aufmerksamkeit** haben. Machen Sie sich für Ihren Hund zunächst also mit einem Leckerli oder seinem Lieblingsspielzeug interessant. Beginnen Sie das Training erst, wenn Ihr Vierbeiner genau auf Sie achtet.*

Reagiert Ihre Bulldogge auf ihren Namne, können Sie mit der „Sitz"-Übung beginnen. In der Regel lernen Hunde das Kommando schnell.

„Platz"

Da das Hinlegen auf Befehl vom Hund als Unterordnung empfunden wird, ist das Einüben des „Platz"-Befehls häufig schwieriger als das Erlernen des Kommandos „Sitz". Nicht jeder Vierbeiner möchte sich so einfach ergeben, daher kann es hierbei vor allem mit sehr selbstbewussten Hunden Probleme geben.

Lassen Sie Ihren Bulldog zunächst vor Ihnen absitzen und anschließend an Ihrer Hand schnuppern, in der ein Leckerli versteckt ist. Gehen Sie dann mit Ihrer verlockend duftenden Hand von der Hundenase abwärts zwischen den Vorderbeinen des Hundes bis auf den Boden. Dort angekommen ziehen Sie das Leckerli langsam zu sich her. Da Ihr haariger Schüler dem Futterbrocken mit der Nase folgen möchte, wird er sich aus Bequemlichkeit am Ende von selbst hinlegen, um besser an Ihre Hand zu gelangen. Sagen Sie genau in diesem Moment „Platz", loben Sie den Hund ausgiebig und belohnen Sie ihn mit dem Leckerli. Steht Ihr Vierbeiner bei dieser Übung lieber auf, anstatt sich hinzulegen, helfen Sie mit sanftem Druck auf seine Schultern etwas nach. Bei Erfolg Lob und Belohnung sowie das gesprochene Kommando nicht vergessen. Klappt das „Platz", führen Sie ein zusätzliches Sichtzeichen ein. Winkeln Sie dafür beispielsweise Ihren Unterarm an und strecken Sie ihn dann langsam nach unten aus. Ihre Handfläche bleibt ebenfalls dabei gestreckt.

Lern-Tipps

Üben Sie kein neues Kommando, ehe das vorher angefangene nicht sicher klappt. Verzichten Sie auf das Training, wenn Sie gestresst und schlecht gelaunt sind oder keine Zeit haben. Ihre negative Stimmung überträgt sich sofort auf Ihren vierbeinigen Schüler. Er ist dadurch verunsichert und bekommt unter Umständen eine Lernblockade. An erster Stelle des Trainings muss immer Spaß, Humor und gute Laune stehen.

„Bleib"

Das Kommando „Bleib" wird in der Hundeerziehung meist unterschätzt. In vielen Situationen kann es von großer Bedeutung sein, den Vierbeiner in einer bestimmten Position verharren zu lassen. So hat sich das „Bleib" beispielsweise vor einem Geschäft, im offenen Kofferraum, an einer Straße oder um den Hund von der Verfolgung einer Katze abzuhalten, bewährt.

Am leichtesten lernt Ihre Bulldogge den Befehl „Bleib" über die Grundkommandos „Sitz" und „Platz". Lassen Sie Ihren Vierbeiner zunächst vor Ihnen absitzen oder abliegen. Kombinieren

Das Kommando „Platz" erlernt Ihre Englische Bulldogge am besten aus der „Sitz"-Position heraus.

Haltung

Wenn Ihre Englische Bulldogge das Kommando „Bleib" beherrscht, dann macht sie auch bei Fotoaufnahmen eine gute Figur.

Indoor-Bleib-Training

Bei schlechtem Wetter können Sie den „Bleib"-Befehl gut in der Wohnung üben. Entfernen Sie sich zunächst nur innerhalb des Zimmers vom Hund. Solange Sie noch in Sichtweite sind, verwenden Sie unbedingt zum gesprochenen Kommando das Sichtzeichen, ein Signal, das Ihnen in freier Natur auf große Entfernung hin wertvolle Dienste leistet. Verlassen Sie später den Raum ganz, darf Ihr Hund seine Position so lange nicht verändern bis Sie es ihm erlauben. Erfinden Sie aus dieser Übung heraus Indoor-Spiele wie beispielsweise „Verstecken" (Mensch, Gegenstände, Futter etc.). Sparen Sie selbstverständlich auch bei Spielen nie mit Lob. Begeistern Sie Ihren eifrigen Vierbeiner mit Ihrer guten Laune, nur so macht Lernen Spaß!

Wie schwer, dieser verlockenden Versuchung zu widerstehen, aber mit dem gelernten „Bleib" klappt es!

Sie dabei das „Sitz" oder „Platz" mit dem Wort „Bleib". Verwenden Sie zusätzlich von Anfang an folgendes Sichtzeichen: Ihre Handfläche zeigt am ausgestreckten Arm zu Ihrem Hund. Dies symbolisiert Ihrem Hund ein Stopp bzw. ein Verharren in der momentanen Position. Erstrecken Sie das „Bleib" anfangs nur über eine sehr kurze Zeitspanne und steigern Sie diese erst allmählich. Loben Sie wie immer viel und schimpfen Sie nicht, wenn Ihr vierbeiniger Schüler zunächst nicht in der gewünschten Stellung bleibt. Hier helfen nur Geduld und ein ruhiges „Nein"sowie das anschließende erneute In-Position-Bringen unter Verwendung der entsprechenden Befehle (z.B. „Sitz und Bleib") und des Sichtzeichens. Vergrößern Sie neben dem Zeitfaktor allmählich auch die Entfernung zum Hund. Steigern Sie den Schwierigkeitsgrad langsam, indem Sie die Übungsorte wechseln, und außerdem Ablenkungen für Ihren Hund schaffen, auf die er natürlich nicht reagieren darf (z.B. durch Geräusche, Gegenstände, andere Menschen, andere Hunde). Schließlich soll Ihr Vierbeiner, selbst wenn Sie außer Sichtweite sind, in der gewünschten Position verharren. Erschweren Sie die Übung immer erst dann, wenn der vorausgegangene Schritt wirklich sitzt. Beherrscht Ihr bellender Freund das Kommando „Bleib" perfekt, können Sie den Befehl ab jetzt in Ihren Alltag integrieren und Ihren vierbeinigen Musterschüler beispielsweise in Erwartung eines leckeren Mitbringsels vor einem Supermarkt oder während eines Ausflugs vor einem stillen Örtchen bedenkenlos warten lassen. Auch bei Fotoaufnahmen macht Ihre Englische Bulldogge nun als ruhig verharrendes Modell eine gute Figur. Ebenso hilfreich ist das „Bleib" für das Erlernen von Kunststückchen.

„Hier"

Üben Sie das Herkommen zunächst in einem abgeschlossenen Terrain, in dem sich für den Hund möglichst wenige Ablenkungen bieten. Stellen Sie sich in kurzer Distanz vor den Hund hin und gehen Sie in die Hocke. Haben Sie die volle Aufmerksamkeit Ihres Bulldog, rufen Sie ihn beim Namen und gleich darauf das Kommando „Hier". Locken Sie Ihren Hund zusätzlich mit einem Leckerli oder seinem Lieblingsspielzeug. Kommt der Vierbeiner auf Sie zu, loben und belohnen Sie ihn ausgiebig. Vergrößern Sie die Distanz nach und nach. Gehen Sie jedoch wie immer erst zur nächsten Trainingseinheit über, wenn die Vorherige sicher sitzt. Loben Sie den Vierbeiner wiederr überschwänglich, wenn er bei Ihnen ankommt.
Sitzt das „Hier" zuverlässig in abgeschlossenem Terrain, beginnen Sie mit dem Training im freien Feld. Hierbei hilft eine lange Schlepp-Leine, die Sie neben dem Hund schleifen lassen und mit der Sie Ihre Bulldog-

Locken Sie Ihren Hund auch im Freien mit einem Leckerli oder seinem Lieblingsspielzeug.

Wenn Ihr Welpe oder Junghund so brav auf Zuruf zu Ihnen kommt, dann hat er sich eine supertolle Belohnung verdient. Loben Sie ihn ausgiebig und geben Sie ihm ein Leckerchen.

ge auf das Kommando „Hier" sanft zu sich herziehen. Auf diese Weise lernt Ihr vierbeiniger Kamerad schnell, Ihren verlängerten Arm zu respektieren und zuverlässig auf Befehl zu kommen, auch wenn Ablenkungen in der Nähe sind.
Auch die tägliche Fütterung eignet sich als Lockmittel. Wartet der Hund beispielsweise hungrig auf sein Futter, bringen Sie ihn in ein anderes Zimmer, und lassen ihn dort von

Haltung

Machen Sie sich interessant

Macht Ihr Hund keine Anstalten, auf Befehl zu Ihnen zurückzukommen, sind Sie sicherlich zu uninteressant für ihn. Versuchen Sie mit spannender Stimme, Zeigen eines Leckerlis, einer lustigen Spielaufforderung oder einem Sprint in die entgegengesetzte Richtung, die Aufmerksamkeit Ihres Bulldog zu erlangen; erst dann wird er auf Ihr Kommando reagieren.

Kommt der Hund erst nach längerem Warten zu Ihnen zurück, dürfen Sie auf keinen Fall mit ihm schimpfen, denn dann verbindet er die Schelte mit seinem Zurückkommen. Er hat längst vergessen, dass er nicht auf den „Hier"-Befehl gehört hat.

einer Hilfsperson festhalten. Gehen Sie dann zurück zum Napf und rufen „Hier" oder benutzen Sie die Hundepfeife. Der Vierbeiner wird losgelassen und rennt sofort zu Ihnen beziehungsweise seinem heiß ersehnten Fressen. Mit dieser Methode verknüpft Ihr Bulldog den gerufenen „Hier"-Befehl, der dem Pfiff auf der Hundepfeife entspricht, immer mit etwas Angenehmem.

Kommt Ihr Hund mehr oder weniger zufällig zu Ihnen, sagen Sie erneut sofort das Kommando „Hier" und loben und belohnen Sie ihn überschwänglich. Auch auf diese Weise kann der Groschen fallen.

Lob und Strafe

Der Schlüssel zu einer erfolgreichen Hundeerziehung ist Lob. Belohnen Sie jeden Schritt in die richtige Richtung eines erwünschten Verhaltens sofort, auch wenn Ihr Hund zufällig handelt. Nur so motivieren Sie Ihren Vierbeiner, aus Spaß an der Freude mit Ihnen weiterzuarbeiten. Passen Sie die Art der Belohnung individuell an die Vorlieben Ihrer Bulldogge an: manche Hunde freuen sich schon sehr über ein gesprochenes Lob und Streicheleinheiten, andere bevorzugen eher Leckerlis. Einige Vertreter sind glücklich, wenn sie ihr Lieblingsspielzeug bekommen, wieder andere empfinden ein lustiges Spiel als tolle Belohnung.

Setzen Sie Strafen dagegen nicht in Form von körperlicher Gewalt ein: abgesehen von einem raschen Vertrauensbruch kann eine körperliche Züchtigung sogar als positive Verstärkung wirken, schließlich bekommt der Vierbeiner damit Aufmerksamkeit bzw. Zuwendung, auch wenn diese negativer Art ist. Sie bestärkt ihn wiederum in seinem Fehlverhalten und veranlasst ihn dazu, weiterzumachen. Viel wirkungsvoller als Gewalt ist der Entzug von Zuwendung, wenn es die Situation zulässt. Ignorieren Sie unerwünschtes Verhalten also einfach. Schwerwiegende Verhaltensauffälligkeiten wie Schnappen oder Beißen dürfen selbstverständlich nicht ignoriert werden. Wenden Sie sich in einem solchen Fall an einen kompetenten Hundetrainer. Bellt Ihr Hund beispielsweise übermäßig, beachten Sie es nicht. Belohnen Sie andererseits aber jede Bellpause. Auf diese Weise lernt Ihr vierbeiniger Freund, dass sich Nicht-Bellen mehr auszahlt als Kläffen. Eine weitere wirksame Vorgehensweise gegen unerwünschtes Verhalten ist das Einführen einer „Schämecke"; schicken Sie Ihren renitenten Bulldog bei Fehlverhalten sofort (innerhalb von zwei Se-

Erste Erziehungsschritte

Mit Lob kommen Sie bei Ihrer Englischen Bulldogge viel schneller in der Hundeerziehung voran als mit Strafen. Der Lerneffekt ist deutlich größer und nachhaltiger.

kunden) nach einem (!) kurzen Befehl („Nein"; „Aus"; „Pfui" etc.) in eine bestimmte langweilige Zimmerecke, in der es weder Zuwendung, Futter, eine Schlafdecke und Spielsachen, noch ein interessantes Fenster zum Hinausschauen und Beobachten gibt. Hier bleibt Ihr Vierbeiner die nächsten zwei bis fünf Minuten. Anschließend holen Sie ihn wieder, jedoch ohne ihn zu begrüßen und ein Wort zu sagen. Die Sache ist nun erledigt und Sie gehen wieder zur Tagesordnung über. Beginnt Ihr Hund erneut mit Unfug, ermahnen Sie ihn einmal (!) mit demselben Befehl von vorhin („Nein", „Pfui". „Aus" etc.). Reicht dies noch nicht aus, um ihn von seinem Vorhaben abzubringen, muss er wieder in seine „Schämecke". Schnell merkt Ihr Bulldog, dass sein Schabernack langfristig keinen Spaß macht. Wirkungsvoll ist außerdem, Ihren Vierbeiner mit einem energischen „Nein" und „Geh Körbchen" auf seinen Platz zu schicken und ihn dort zu ignorieren. Bestimmte Angewohnheiten können Sie Ihrem Hund auch abgewöhnen, indem Sie ihm seine Macken einfach verleiden, oder seine Aufmerksamkeit auf etwas Erlaubtes umlenken. (siehe Kapitel „Abgewöhnen von Jugendsünden").

Fazit Sparen Sie in der Hundeerziehung nicht mit Lob und Belohnung. Strafen Sie dagegen nur wohldosiert und gut überlegt, denn das Vertrauen eines Vierbeiners ist durch unüberlegtes Handeln schneller zerstört, als es sich später wieder aufbauen lässt.

Auch der Schnauzgriff kann wirksam sein.

Pflege

Gewisse Pflegemaßnahmen sind bei Hunden unerlässlich. Gewöhnen Sie daher am besten schon Ihren Welpen an die wichtigsten Handgriffe. Gehen Sie grundsätzlich bei allen Pflegemaßnahmen sanft und behutsam vor.

Pflege

Welche Pflegemaßnahmen sind nötig und wie gewöhnt man die Englische Bulldogge daran?

Macht das Hundekind hier schlechte Erfahrungen oder dauert es ihm zu lang, wird es Körperpflege zukünftig als unangenehm empfinden und ihr lieber aus dem Weg gehen wollen. Pfotenabputzen und Stillhalten beim Bürsten müssen erst einmal gelernt werden. Führen Sie Ihren Welpen auch möglichst frühzeitig an die Augen-, Ohr-, Zahn- und Krallenkontrolle heran. Bleibt Ihr Hundekind bei der Pflege ruhig und gelassen, belohnen und loben Sie es ausgiebig. Wehrt sich dagegen Ihr junger Vierbeiner oder wird er albern, bringen Sie ihn mit einem bestimmten „Nein" zur Ruhe; hält er wieder still, loben und belohnen Sie ihn sofort

Fellpflege

Wildhunde und Wölfe pflegen auf ganz spezielle Weise ihr Fell: Sie nehmen Sand- und Schlammbäder, die gleichzeitig wie eine Massage wirken und die Talgdrüsen der Haut anregen. Durch ausgiebiges Lecken werden die Haare gereinigt, wobei der Speichel desinfizierend wirkt. Unsere Hunde verhalten sich ähnlich, allerdings entspricht diese Art der Fellpflege nicht unserem hygienischen Verständnis, sodass wir hier gerne nachhelfen. Schnell gewöhnt sich eine Englische Bulldogge an das Bürsten, denn bald merkt sie, dass Fellpflege auch eine wohltuende Massage sein kann, die hervorragend die Durchblutung der Haut anregt. Bürsten Sie immer mit dem Strich, also in Haarwuchsrichtung von vorne nach hinten und untersuchen Sie Ihren Vierbeiner nebenbei gleich auf einen eventuellen Parasitenbefall oder Hautverletzungen. Aufgrund ihres kurzen Fells muss eine Bulldogge nur während des Fellwechsels oder zur Entfernung von Verschmutzungen mit einem Naturhaarstriegel oder einem Noppenhandschuh gebürstet werden. Unterstützen Sie den halbjährlichen Haarwechsel zusätzlich von innen mit einer über das Futter gestreuten Kräutermischung aus Löwenzahn, Birkenblättern, Brennnesseln und Ackerschachtelhalm. Spitzwegerich, Kerbel und Petersilie

Die Fellpflege der Englischen Bulldogge ist einfach und unkompliziert.

helfen aufgrund ihres hohen Vitamingehalts, das Immunsystem anzuregen. Entsprechende Fertigpräparate gibt es inzwischen im Fachhandel zu kaufen.

In der Regel reinigt sich das Fell eines Bulldogs von selbst. Setzen Sie daher vor allem Welpen nur im Notfall in die Wanne, denn zu häufiges Baden zerstört die Schmutz abweisende und wetterfeste Schutzschicht des Felles. Verzichten Sie auf anschließendes Föhnen, denn das ungewohnte Geräusch, die Lautstärke und das warme Gebläse machen einem Hund leicht Angst. Rubbeln Sie den Vierbeiner nach dem Abspülen lieber gut mit einem Handtuch trocken und lassen Sie ihn an kalten Tagen wegen der Erkältungsgefahr nicht sofort nach draußen, sondern stellen Sie seinen Korb in die Nähe der wärmenden Heizung.

Pfoten

Nützen sich die Krallen Ihrer Bulldogge nicht auf natürliche Weise ab, müssen sie von Zeit zu Zeit geschnitten werden, um ein Abrechen zu verhindern. Führen Sie Ihren Welpen hier ganz langsam und in kleinen Schritten heran: anfangs nehmen Sie immer wieder abwechselnd eine seiner Pfoten auf und halten Sie diese kurz in der Hand. Will Ihr Hund seine Pfote wegziehen oder fasst er Ihr Vorgehen

bekommt er am Ende wieder eine Belohnung. Kontrollieren Sie im Winter zusätzlich regelmäßig die Ballen, denn durch das viele Streusalz wird die Pfotenunterseite leicht trocken oder rissig. Hier helfen Einreibungen mit Hirschtalg, Melkfett oder Vaseline.

Augen, Ohren, Zähne

Das Heranführen an die Augenpflege bedarf besonderer Behutsamkeit. Streichen Sie Ihrem Welpen schon im Spiel oder während des Streichelns immer wieder kurz über die Augen. Später entfernen Sie Sekret oder Verkrustungen in den Augenwinkeln mit einem weichen, feuchten, sauberen Tuch. Im Zoo-

Sie sollten Ihrer Englischen Bulldogge die Krallen ab und an schneiden lassen, wenn sich diese nicht auf natürliche Weise abnutzen.

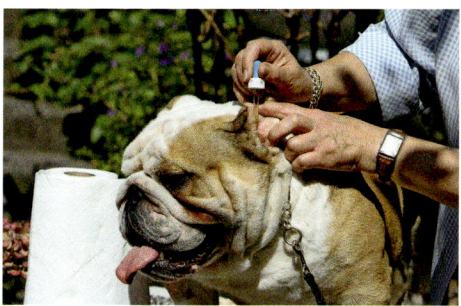

Halten Sie das Hundeohr sauber, damit es nicht zu schmerzhaften Entzündungen durch Bakterien oder Pilze kommt.

als lustiges Spiel auf, korrigieren Sie ihn mit einem energischen „Nein". Verhält er sich ruhig, loben Sie ihn ausgiebig. Verwenden Sie zum Krallenschneiden eine spezielle Zange aus dem Fachhandel. Achten Sie darauf, dass Sie keine Blutgefäße verletzen. Am besten lassen Sie sich von Ihrem Tierarzt die richtige Technik zeigen.

Das Pfotenabputzen üben Sie ebenfalls durch das abwechselnde Aufnehmen der Pfoten. Beißt Ihr Junghund während des Abputzens in das Handtuch, reagieren Sie erneut mit einem „Nein". Verhält er sich dagegen brav,

fachhandel bekommen Sie hierfür spezielle Pflegetücher.

Kontrollieren Sie außerdem hin und wieder die Ohren Ihres Vierbeiners und achten Sie darauf, dass sich weder Krusten noch Fremdkörper oder unangenehme Parasiten im Ohr befinden. Ein sauberes Hundeohr ist wichtig, damit es nicht zu schmerzhaften Entzündungen durch Bakterien oder Pilze kommt. Verwenden Sie für eine eventuell notwendige Säuberung des Gehörgangs keine Wattestäbchen, sondern nur spezielle Flüssigreiniger vom Tierarzt.

Pflege

Vorsicht mit Kauprodukten

Kauprodukte aus Büffelhaut sind für Englische Bulldoggen nicht geeignet. Durch das starke Einspeicheln beim Kauen und die rassetypische Ungeduld der Hunde werden diese Produkte sehr oft in großen, klebrigen Stücken verschluckt, die unter Umständen dann im Schlund hängen bleiben und zum Ersticken des Vierbeiners führen können. Kauprodukte aus der zweiten Rinderhaut sind besser geeignet. Grundsätzlich gilt jedoch: lassen Sie eine Englische Bulldogge nie unbeaufsichtigt kauen.

Untersuchen Sie Ihren Vierbeiner von Frühjahr bis Herbst täglich auf Zecken, denn diese könnten Ihren Hund mit Borreliose infizieren.

Eine regelmäßige Zahnkontrolle führen Sie am besten von klein auf bei Ihrem Bulldog durch. Harte Leckereien zwischendurch entfernen schädliche Beläge. Um Zähne und Zahnfleisch dauerhaft gesund zu erhalten, empfiehlt sich regelmäßiges Zähneputzen. Hierfür gibt es im Zoofachhandel oder bei Ihrem Tierarzt Hundezahnbürsten und -pasten. Allerdings sind diese in Hundekreisen wohl Geschmackssache und nicht bei jedem Vierbeiner beliebt.

Schmuddelwetter-Tipps

Das wichtigste Utensil an Schlechtwettertagen ist sicherlich ein Handtuch. Um Ihre Englische Bulldogge schon vor dem Einsteigen ins Auto gründlich abrubbeln zu können, lagern Sie dort am besten ein Tuch griffbereit. Im Fahrzeug selbst hat es sich bewährt, den Hundeplatz mit einer waschbaren Decke oder einer Gummischmutzfangmatte auszustatten: beide Teile sind leicht separat zu reinigen, ohne dass Sie gleich das ganze Auto einer Komplettreinigung unterziehen müssen. Ebenfalls möglich ist die Unterbringung des nassen Hundes in einer mit saugfähigen Tüchern ausgelegten Transportbox, denn auch diese ist einfach zu säubern und begrenzt den Schmutzeintrag auf eine kleine Fläche.

Deponieren Sie ein weiteres Handtuch vor der Haustür, denn putzen Sie Ihren Bulldog be-

Zahnwechsel bei Welpen

Etwa im vierten Lebensmonat beginnt der Zahnwechsel des Welpen. Geben Sie Ihrem Vierbeiner in dieser Zeit genügend Kaumaterial wie Kauknochen aus der zweiten Rinderhaut und Spielzeug aus Weichgummi oder Hartholz. Gegen eventuell auftretende Schmerzen helfen, wie bei Babys, das zuckerfreie Dentinox-Gel aus Kamillenblüten oder das homöopathische Kombi-Präparat Osanit. Fällt ein Milchzahn nicht von selbst aus, obwohl schon der neue Zahn sichtbar ist, lassen Sie den alten vom Tierarzt ziehen, um Gebissfehlstellungen zu vermeiden.

Haltung

Die Unterbringung des Hundes in einer, mit saugfähigen Tüchern ausgelegten, Transportbox ist sinnvoll, denn gerade bei Schmuddelwetter ist diese einfach zu säubern und begrenzt den Schmutzeintrag.

Weitere Pflege-Tipps

Regelmäßige Impfungen gegen Staupe, Hepatitis, Leptospirose, Parvovirose, Zwingerhusten und Tollwut sowie Entwurmungen gehören ebenfalls zu den obligatorischen Pflegemaßnahmen bei einem Hund. Um einen Parasitenbefall zu vermeiden, ist außerdem ein sauberer Schlafplatz wichtig: verwenden Sie nur Decken, Kissen oder Polster, die maschinenwaschbar sind. Untersuchen Sie Ihre Bulldogge zudem von Frühjahr bis Herbst täglich auf Zecken, denn diese könnten Ihren Hund mit Borreliose infizieren. Spezielle Präparate vom Tierarzt schützen vor starkem Zeckenbefall.

reits vor der Wohnung gründlich ab, bleibt der größte Dreck auf jeden Fall draußen.

Hat Ihr haariger Kumpel jederzeit freien Zugang nach draußen, empfiehlt sich ein feuchtes oder gut saugendes Tuch auf dem Boden des Verbindungsbereichs zwischen Haus und Garten. Läuft Ihr Hund nun in die Wohnung, tritt er sich schon ganz automatisch die Pfoten auf seinem „Eingangsteppich" ab.

Gerade in der Schmuddelwetterzeit ist es von großem Vorteil, wenn Ihr Vierbeiner auf Kom-

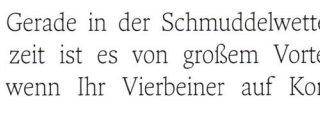

Die wichtigsten Pflegeutensilien

- ✓ Naturhaarstrigel oder Noppenhandschuh
- ✓ Flüssiger Ohrreiniger vom Tierarzt
- ✓ Reinigungstücher für die Augen
- ✓ Hundezahnbürste und -pasta bzw. Kauknochen zur Zahnpflege
- ✓ Krallenschere
- ✓ Vaseline, Hirschtalg oder Melkfett zur Ballenpflege
- ✓ Zeckenzange

mando seinen Platz aufsucht und dort so lange bleibt, bis Sie den Befehl wieder aufheben. Ist Ihr bellender Freund also noch nicht ganz trocken, können Sie ihn sofort nach der Rückkehr vom Spaziergang in sein Körbchen schicken, ehe er überhaupt die Gelegenheit hatte, den Dreck im ganzen Haus zu verteilen. Damit sich ein noch feuchter Vierbeiner schneller wieder aufwärmt, ist ein Hundeplatz an der Heizung empfehlenswert. Beachten Sie dagegen unbedingt: Zugluft ist für einen nassen Hund Gift.

Besonders intelligente Vertreter lernen mit Geduld und Geschick des Hundeführers, sich bereits vor dem Haus auf Befehl zu schütteln oder auf dem Fußabstreifer die Pfoten abzuputzen. Gewöhnen Sie Ihrem Vierbeiner außerdem von vornherein ab, Sie oder andere Menschen anzuspringen, denn ist Ihre Bulldogge einmal nass, werden Besucher mit hellen Hosen nicht wirklich von einer stürmischen Begrüßung begeistert sein.

Für Sie als begleitender Zweibeiner ist ein extra Schlechtwetter-Dress ratsam, das heißt: Tragen Sie lieber ältere, zweckdienliche Klei-

Pflege

Nach einem Spaziergang bei feucht-kaltem Wetter freut sich die Englische Bulldogge über eine Decke in Heizungsnähe.

Doggywellness: ein schöner Rücken kann zwar entzücken, aber ein Bauch tut's auch!

dung. Auch eine Regenhose ist praktisch und schützt Ihre Hosen vor Nässe und Schmutz. Gummistiefel dürfen in keinem Hundehaushalt fehlen, so bleiben gute Halbschuhe an Schlechtwettertagen trocken.

Wellness für die Englische Bulldogge

Wellness macht nicht nur uns Menschen Spaß. Mit entsprechenden Maßnahmen können Sie auch Ihrer Bulldogge etwas Gutes tun. Sichtlich wird sie es genießen, sich einmal so richtig von Ihnen verwöhnen zu lassen.

Bachblüten und Homöopathie

Diverse Bachblüten und homöopathische Mittel verhelfen Ihrem Hund zu neuen Kräften. So wirken beispielsweise die Blüten Centaury, Chicory, Clematis und Crap Apple entschlackend und reinigend. Crap Apple hat außerdem eine ausgleichende Wirkung auf den Stoffwechsel und das Immunsystem. Centaury erfrischt und vitalisiert. Olive stellt das innere Gleichgewicht bei Erschöpfung wieder her, Agrimony stärkt und schützt vor Überbelastung.

Homöopathische Heilmittel finden auch im Wellnessbereich Anwendung.

Die Abwehrkräfte Ihrer Englischen Bulldogge werden mit Echinacea-Globuli gestärkt. China und Ignatia haben sich bei Erschöpfungszuständen und Stress bewährt. Gegen Muskelkater und Überanstrengung eignen sich Arnica und Traumeel. Bei Verspannungen kann Magnesium phosphoricum helfen.

Im Zoofachhandel erhalten Sie inzwischen fertige Bachblütenmischungen oder homöopathische Präparate. Möchten Sie allerdings tiefer in die Materie einsteigen, lassen Sie sich von einem erfahrenen Therapeuten beraten.

Mit Massage, Akupressur und TTouch® entspannen

In keinem Verwöhnprogramm darf eine wohltuende Massage fehlen. Sie erfolgt am besten in Bauch- oder Seitenlage des Hundes. Dabei können Sie in einfachen, geraden Linien streicheln oder in Wellen. Auch ein Kreisen Ihrer Handflächen wirkt entspannend. Variieren Sie zusätzlich den Druck. Massieren Sie jedoch nicht zu kräftig, Ihr Hund soll sich schließlich wohlfühlen und keine Schmerzen haben. Bearbeiten Sie besonders belastete Partien wie die Beinmuskulatur extra sanft mit den Fingerkuppen. Lockernd wirkt leichtes Kneten und Rollen von Haut und Muskeln. Streichen Sie am Ende einer Massage immer den ganzen Körper des Hundes noch einmal sanft aus. Eine Massage sollte nicht länger als 15 bis 20 Minuten dauern; gewöhnen Sie Ihre Bulldogge erst langsam an diese Zeitspanne. Massieren Sie nie, wenn Ihr Vierbeiner eine Infektion hat oder gerade gefressen hat.

Die Akupressur ist eine Abwandlung der Akupunktur. Hier wird ohne Nadeln, nur mit der Berührung und dem Druck der Finger gearbeitet. Dies hat neben dem körperlichen Aspekt auch eine sehr positive, entspannende Wirkung auf die Psyche des Hundes.

Die TTouch®-Methode hingegen besteht aus unterschiedlichen Bewegungen und Handpositionen, die im Uhrzeigersinn auf der Haut des Hundes in verschiedenen Druckstärken ausgeführt werden. Vor allem bei seelischen Störungen sowie zur allgemeinen Beruhigung, zum Stressabbau und Wiederherstellung des Vertrauens hat sich der TTouch® bewährt. Auch zur Schmerzlinderung wird diese Methode erfolgreich eingesetzt. Etliche Hundeschulen bieten inzwischen TTouch®-Seminare an.

Aroma-, Farb- und Musiktherapie für neues Wohlbefinden

Die Aromatherapie fördert die seelische Ausgeglichenheit, aktiviert den Kreislauf und stärkt die Abwehrkräfte. Sie erfrischt und verhilft zu neuer Energie, allerdings muss sie bei der grundsätzlich feinen Hundenase sehr schonend angewendet werden. Die ätherischen Öle kommen wohl dosiert (2 bis 3

Fellpflege kann durchaus entspannend sein und einer wohltuenden Massage gleichkommen.

Mit der Aromatherapie können Sie die seelische Ausgeglichenheit Ihres Hundes fördern.

Pflege

Lassen Sie sich verwöhnen: Buchen Sie einen gemeinsamen Urlaub mit Ihrem Hund in einem speziellen Wellness-Hotel.

Wellness vom Profi

Viele Hundephysiotherapeuten bieten auch Wohlfühlbehandlungen für Vierbeiner an. Dabei werden häufig verschiedene Techniken miteinander kombiniert. So erhält die Massage Ihres Vierbeiners gleichzeitig eine Untermalung mit angenehmen Düften und entspannender Musik. Beruhigendes Licht darf dabei selbstverständlich ebenfalls nicht fehlen. Zum Behandlungsspektrum gehören neben der herkömmlichen Massage oftmals auch Fuß- oder Ohrreflexzonenmassagen. Einige Therapeuten verfügen sogar über eigene Hundeschwimmbäder oder Unterwasserlaufbänder, in denen neben der heilenden Wirkung des Wassers die entspannende Wärme ausgenützt wird. Manche Praxen bieten Kurse in Massage, Akupressur und TTouch® für den Eigengebrauch an. Außerdem finden Sie im Fachhandel interessante Bücher zum Thema.

Tropfen) und nur, wenn es Ihrem Vierbeiner auch wirklich behagt entweder in einer Duftlampe, einem Kräutersäckchen, einem speziellen Hundehalstuch oder direkt auf dem Liegeplatz Ihres Hundes zum Einsatz. Da ein Hund sehr empfindliche Schleimhäute hat, dürfen Sie die Öle nie direkt auf ihn träufeln. Stärkend, aufbauend und reinigend für den gesamten Organismus wirken Lavendel, Orange, Zitrone, Geranium, Grapefruit und Muskatellersalbei. Mandarine und Melisse beruhigen und entspannen. Mimose baut zusätzlich seelisch auf. Zimt und Vanille wird eine ausgleichende, beruhigende und entspannende Wirkung nachgesagt. Neroli-Öl harmonisiert.

Hunde sprechen wie Menschen auch sehr gut auf farbiges Licht an. Rot hat sich besonders bei Erschöpfungszuständen und Appetitlosigkeit bewährt. Orange kommt hingegen bei Immunschwäche zum Einsatz. Gelb hilft bei schwachen Nerven und Schockzuständen. Grün wirkt ausgleichend und Blau beruhigend. Violett wird bei Nervosität, Ängstlichkeit, Hysterie und zur Verarbeitung von Traumata eingesetzt.

Auch Musik entspannt Ihre Englische Bulldogge. Diverse Studien haben ergeben, dass gerade langsame Barockmusik eine sehr beruhigende Wirkung auf Vierbeiner hat. Genauso gut geeignet ist Herrchens Meditations-CD. Wer musikalisch jedoch auf Nummer Sicher gehen will, kann inzwischen im Fachhandel spezielle Musik für Hunde erwerben.

Barock- und Meditationsmusik haben eine sehr beruhigende Wirkung auf Hunde.

Ernährung

Da Schönheit bekanntlich von innen kommt, ist eine ausgewogene Ernährung besonders wichtig.

Ernährung

Zum Wohlfühlprogramm Ihrer Englischen Bulldoge und seiner Gesunderhaltung gehört auch eine ausgewogene Ernährung. Füttern Sie nur hochwertiges Futter, das dem Alter, Gesundheitszustand und der Auslastung Ihres Vierbeiners angepasst ist. Auch Welpen brauchen eine andere Ernährung als erwachsene

Warnung vor Schokolade

Schokolade enthält Theobromin, das für Hund und Katze lebensgefährlich sein kann. Ein paar Riegel dunkle Schokolade können einen kleineren Hund töten.

Mit einem hochwertigen Futter, das dem Alter, Gesundheitszustand und der Auslastung Ihrer Englischen Bulldogge angepasst ist, bleibt Ihr Vierbeiner fit und munter.

Hunde, schließlich sind sie noch in der Entwicklung. Der Fachhandel hält für alle Altersklassen und Bedürfnisse spezielles Hundefutter parat. Mit einem qualitativ hochwertigen Fertigfutter gehen Sie in jedem Fall auf Nummer sicher: Ihre Bulldogge wird optimal mit allen wichtigen Nährstoffen versorgt. Trotzdem kommt es vor, dass ein Hund das handelsübliche Futter nicht verträgt. In diesem Fall müssen Sie selbst zum Kochlöffel greifen. Dies ist nicht ganz einfach, denn die richtige Zusammensetzung einer ausgewogenen Ernährung ist fast schon eine Wissenschaft für sich.

Auch das „Barfen" (= biologisch artgerechte Rohfütterung) ist möglich. Aber auch hier ist eine umfassende Information vorab durch einen Tierarzt oder entsprechende Fachliteratur wichtig.

Im Folgenden finden Sie jedoch einige Tipps für eine abwechslungsreiche und gesunde Hundemahlzeit.

Fleisch und Ballaststoffe in Form von Reis oder Hundeflocken bilden die Basis einer ausgewogenen Hundeernährung. Achten Sie zusätzlich auf eine ausreichende Vitamin- und Mineralstoffversorgung. Diese geschieht am

Haltung

Auch unsere Hunde sind Feinschmecker und lieben Abwechslung. Die große Auswahl an Fertigfutter macht es Ihnen hier leicht.

> **Tipp!**
> *Im Buch- und Zoofachhandel gibt es für alle Hundefutter-Hobbyköche eine breite Palette an Ratgebern zum Thema „Hundeernährung". Falls Sie für Ihre Bulldogge kochen, ist ein umfassendes Informieren unerlässlich, damit Ihr Vierbeiner durch einen ausgewogenen Speiseplan wirklich optimal mit allen wichtigen Nährstoffen versorgt wird und es nicht zu Mangelerscheinungen kommt.*

besten in Form von natürlichen Zusätzen wie frischem, unbehandelten Obst, Gemüse, Kräutern, Hüttenkäse oder Naturjoghurt. Bei Obst eignen sich Äpfel sehr gut. Sie sind reich an Vitaminen und Mineralien und wirken durch die enthaltenen Pektine entgiftend. Gemüse ist nicht nur gesund, es fördert mit seinen Ballaststoffen auch die Verdauung. Außerdem beeinflusst es positiv den Säure-Base-Haushalt des Hundes. Ideal sind Möhren; sie enthalten viel Karotin, die Vorstufe von Vitamin A, außerdem Mineralstoffe und Spurenelemente. Geben Sie zusätzlich immer etwas Öl; dies hilft bei der Verwertung des fettlöslichen Vitamin A. Gekochter Broccoli ist ebenfalls sehr gesund; er wirkt krebsvorbeugend und entgiftend. Spinat, Erbsen, grüne Bohnen und Tomaten runden einen ausgewogenen Speiseplan ab. Kräuter wie Brennnesseln, Basilikum, Petersilie, Löwenzahn und Dill sind nicht nur reich an wichtigen Vitaminen, Mineralien und Spurenelementen, sie haben auch eine heilende Wirkung bei verschiedenen Krankheiten (Beispiele hierzu siehe in Kapitel „Gesundheit", „Vorsorge").

In Zeiten extremer Anforderung oder erhöhter Krankheitsanfälligkeit ist eventuell ein zusätzliches Vitaminpräparat nötig. Halten Sie sich hier allerdings genau an die vom Tierarzt oder in der Packungsbeilage angegebene Dosierung, denn selbst Vitamine können überdosiert schaden.

Schönheit kommt von innen

Der Speiseplan Ihres Hundes ist auch für ein glänzendes Fell und eine gesunde Haut verantwortlich, schließlich kommt Schönheit bekanntlich von Innen. Eine große Rolle spielen dabei die Vitamine A und E sowie Zink, außerdem essentielle Fettsäuren wie Omega-3 und Omega-6. Um einem Mangel vorzubeu-

Ernährung

Bei der Gabe von Vitaminpräparaten sollten Sie sich genau an die vom Tierarzt oder in der Packungsbeilage angegebene Dosierung halten, denn auch Vitamine können überdosiert schaden.

Wussten Sie schon, dass ...

... Hundekuchen zum ersten Mal um 1860 von J. Spratt als Spezialnahrungsmittel für Hunde in England angeboten wurde? Sein Gehilfe war Charles Cruft, nach dem 1886 die jährlich stattfindende größte Hundeausstellung der Welt benannt wurde.

gen, der sich in stumpfem Fell, Schuppen, Haarausfall, Juckreiz, fettiger Haut und Infektanfälligkeit äußert, geben Sie ab und zu einen Löffel Maiskeim-, Sonnenblumen-, Distel- oder Pflanzenöl über das Futter. Hochwertiges Eiweiß ist ebenfalls unverzichtbar, allerdings reagieren manche Hunde allergisch auf rohes Eiweiß. Auch Hefe und Biotin verhelfen zu einer gesunden Haut und glänzendem Fell. Ab und zu ein rohes, frisches Eigelb ist ebenfalls gut für Haut und Haare, denn es enthält viele Spurenelemente und Vitamine. Die zerriebene Eierschale versorgt Ihren Vierbeiner dagegen mit natürlichem Calcium.

Achten Sie stets auf saubere Hundenäpfe und täglich frisches Wasser.

Selbst gebackene Leckerlis

Fischstäbchen
Sie brauchen dafür folgende Zutaten:

1 Dose Thunfisch (im eigenen Saft)
6 EL Haferflocken
2 Eier
2 EL Semmelbrösel
2 EL gehackte Petersilie

Gießen Sie den Saft des Thunfisches ab. Vermischen Sie dann alle Zutaten zu einem homogenen Teig. Formen Sie nun kleine „Stäbchen" und legen Sie diese auf ein mit Backpapier ausgelegtes Backblech. Die Fischstäbchen werden im vorgeheizten Backofen bei 175 °C (mittlere Schiene) ca. 30 Minuten gebacken. Anschließend im Ofen abkühlen lassen. Die Fischstäbchen halten, in einer Frischhaltedose im Kühlschrank aufbewahrt, ca. 2–3 Wochen.
Geben Sie Ihrem Vierbeiner täglich nicht mehr als drei bis vier dieser Leckerlis, denn sie sind sehr gehaltvoll; andererseits sind sie aber auch etwas ganz besonderes.

EXTRA
Elf goldene Futterregeln

🐾 Die Menge macht's

Ein Hund weiß nicht von selbst, wie viel Futter er braucht. Hier gibt es große individuelle Unterschiede: Einige Vierbeiner sind schier unersättlich, andere muss man fast erst bitten, überhaupt etwas zu fressen. Bieten Sie Ihrer Englischen Bulldogge daher auf keinen Fall unbegrenzt Futter an. Bei Fertignahrung richten Sie sich am besten nach den Mengenangaben auf der Futterpackung. Überprüfen Sie aber immer auch an Ihrem Hund, ob die Menge wirklich angemessen ist, denn häufig wird zu viel Futter angegeben. Kochen Sie selbst, fragen Sie Ihren Tierarzt nach der richtigen Portionsgröße für Ihren Hund. Heikle Tiere werden zum besseren Fressen animiert, wenn ihnen das Futter nur eine begrenzte Zeit (ca. 10–15 Min.) zur Verfügung steht. Damit Ihr Bulldog nicht zu dick wird, müssen Leckerlis stets von der Hauptmahlzeit abgezogen werden.

🐾 Feste Zeiten einhalten

Um den Stoffwechsel des Hundes nicht unnötig durcheinanderzubringen, sind feste Fütterungszeiten wichtig. Füttern Sie daher also nicht wahllos, wenn Sie gerade Zeit haben. Eine ausgewachsene Englische Bulldogge sollte zweimal täglich seine Mahlzeit bekommen.

🐾 Vorsicht mit Kaltem

Gerade im Sommer ist es wichtig, frisches Hundefutter im Kühlschrank aufzubewahren, damit es nicht verdirbt. Verfüttern Sie es nur zimmerwarm. Zu kaltes Futter kann Verdauungsprobleme hervorrufen; außerdem entfaltet Frisch- und Nassfutter seinen vollen Geschmack erst bei Zimmertemperatur. Muss es doch einmal schnell gehen, erwärmen Sie das Fressen kurz im Kochtopf, Wasserbad oder in der Mikrowelle.

🐾 Abwechslung ist Trumpf

Auch unsere Hunde sind Feinschmecker und lieben Abwechslung; die große Auswahl an Fertigfutter macht es Ihnen hier leicht. Bereichern Sie den Speiseplan zusätzlich hin und wieder mit Äpfeln, Karotten, Quark, Hüttenkäse, Nudeln, Reis oder Kräutern. Beachten Sie bei der Fütterung auch das Alter, den Gesundheitszustand und die Auslastung Ihres Bulldogs. Inzwischen gibt es für alle Ansprüche speziell zusammengesetzte Nahrung.

🐾 Langsame Futterumstellung

Führen Sie Futterumstellungen nur langsam und schrittweise durch, damit sich der Verdauungstrakt Ihres Hundes an die neue Nahrung gewöhnen kann.

🐾 Es muss nicht immer Fleisch sein

Wölfe nehmen mit dem Darminhalt ihrer Beutetiere immer auch wichtige pflanzliche Nahrung auf. Daher ist es falsch, anzunehmen, Hunde seien reine Fleischfresser. Für eine aus-

gewogene Ernährung benötigen sie einen gewissen Anteil an pflanzlicher Nahrung; in Fertigfutter wurde dies bereits bei der Zusammensetzung berücksichtigt. Kochen Sie selbst, mischen Sie das Fleisch am besten mit Nudeln, Reis, Gemüse oder speziellen Hundeflocken.

🐾 Betteln ist tabu

Fallen Sie nicht auf den treuen Blick Ihres Vierbeiners rein, Sie tun ihm damit nichts Gutes. Erstens erziehen Sie ihn so erst zum Betteln und zweitens bekommt Ihr Hund auf diese Weise auch schnell mal etwas Süßes, das sehr schädlich für ihn ist. Belohnen Sie ihn nur mit speziellen Hundeleckerlis.

🐾 Keine Reste vom Tisch

Füttern Sie Ihren Bulldog nie mit Resten Ihrer eigenen Mahlzeit. Ihr Hund darf hier auf keinen Fall vermenschlicht werden, denn er hat ganz andere Ernährungsansprüche als Sie. Unsere stark gewürzten Speisen führen bei Vierbeinern schnell zu schweren Gesundheitsstörungen. Füttern Sie nur spezielles und ausgewogenes Hundefutter.

🐾 Finger weg von Milch

Natürlich ist Milch auch bei Hunden beliebt. Viele Tiere bekommen davon jedoch Verdauungsstörungen. Daher gilt: Keine Milch, sondern täglich frisches Wasser als Getränk anbieten.

🐾 Kein rohes Schweinefleisch

Füttern Sie kein rohes Schweinefleisch, denn dadurch kann sich Ihr Hund mit der lebensbedrohlichen Aujeszkyschen Krankheit infizieren. Die Symptome sind ähnlich wie bei der Tollwut, daher wird die Krankheit auch „Pseudowut" genannt. Schweinefleisch darf nur gut durchgekocht verfüttert werden; rohes Rindfleisch ist dagegen unbedenklich.

🐾 Nach dem Essen sollst du ruhen

Füttern Sie Ihre Englische Bulldogge immer erst nach einem Spaziergang. Rennen und Toben mit vollem Magen ist tabu: schnell kommt es zu Verdauungsstörungen bis hin zur lebensgefährlichen Magendrehung.

Ausstellungen

Für alle Rassehundefreunde und die, die es noch werden möchten, sind Hundeausstellungen eine interessante Veranstaltung. Hier sind Informationen aus erster Hand zu bekommen.

Für alle Rassehundefreunde sind Hundeausstellungen eine besonders interessante Plattform. Hier können Sie sich bereits vor dem Kauf eines Vierbeiners genau über eine bestimmte Rasse informieren, denn Sie sehen nicht nur etliche Vertreter live, sondern haben auch die Möglichkeit, mit Haltern und Zuchtvereinen in Kontakt zu treten und auf diese Weise Erfahrungsberichte aus erster Hand zu sammeln.

Auf einer Ausstellung wird bei Ihrer Englischen Bulldogge genau überprüft, ob sie dem Rassestandard entspricht – eine Ausstellung bietet aber auch immer Gelegenheit, mit anderen Besitzern ins Gespräch zu kommen.

Bei den Ausstellungen selbst geht es um die genaue Überprüfung und Bewertung der Hunde hinsichtlich des vorgeschriebenen Rassestandards und der durch den betreuenden Verein festgelegten Zuchtkriterien. Für einige Hundehalter ist die Teilnahme an einer Ausstellung reiner Spaß. Sie möchten solch eine Veranstaltung einfach einmal mitmachen, um nur interessehalber zu hören, wie Ihr Vierbeiner vor einem professionellen Richter abschneidet. Vielleicht hat sie sogar der Züchter ihres Hundes dazu überredet, schließlich ist es für den Züchter selbst wichtig und interessant zu sehen, wo sein Nachwuchs und somit auch seine Zuchtlinie steht. Die meisten Aussteller sind bereits in das Zuchtgeschehen involviert, denn die erfolgreiche Teilnahme an Hundeausstellungen ist Voraussetzung für eine Zuchtzulassung: Es sind langjährige und zukünftige Züchter, aber auch Deckrüdenbesitzer, die ihre Vierbeiner über die Teilnahme an Ausstellungen bekannter machen möchten.

Auf einer Hundeausstellung herrscht eine ganz besondere Atmosphäre. Das Sehen und

Ausstellungen

Gesehenwerden steht in jedem Fall im Vordergrund. Die Einteilung der Hunde erfolgt in verschiedene Klassen, getrennt nach Geschlechtern. Bei der abschließenden Bewertung werden bestimmte Formwertnoten vergeben (siehe Kasten Seite 82).

Dabeisein ist alles

Möchten auch Sie einmal mit Ihrer Englischen Bulldogge im Ring stehen, sei es aus reinem Vergnügen oder weil sie mit ihm züchten wollen, ist ein gutes Sozialverhalten Ihres Hundes natürlich Pflicht, schließlich wird er zunächst in einer Gruppe mit anderen Bulldoggen vorgeführt. Unablässig für eine gelungene Präsentation ist außerdem eine ordentliche Leinenführigkeit. Bei der anschließenden Einzelbewertung erfolgt die genaue Begutachtung Ihres Hundes durch den Richter: dieser prüft neben dem Gangwerk das Stockmaß, die genauen Proportionen, Besonderheiten des Standards und die Zähne. Üben Sie dieses Beurteilungsritual unbedingt schon vorab, damit sich Ihr Bulldog dann auch von fremden Menschen ins Maul sehen und natürlich überhaupt berühren lässt.

Der Umgang und das korrekte Vorführen des Hundes fließen in die Bewertung mit ein; so erkennen die Richter genau, wer mit seinem Vierbeiner das optimale Präsentieren trainiert hat. Häufig wird ein Ausstellungsneuling sogar darauf hingewiesen, dass seine Führfehler der Grund für eine schlechtere Bewertung des Hundes sind, im Vierbeiner jedoch mehr Potenzial steckt.

Eine gute und umfassende Vorbereitung für eine Zuchtschau bekommen Sie durch ein professionelles Ringtraining, das von manchen Hundevereinen oder auch Züchtern angeboten wird. Für die Teilnahme an einer Zuchtschau sollten Sie sich aber nicht nur im Vorfeld Zeit nehmen, auch die Ausstellung

> **Bitte beachten Sie ...**
>
> *Kranke Vierbeiner sind von Zuchtschauen ausgeschlossen. Zu einer Ausstellung muss der Hund mit einem Meldeschein, der beispielsweise über den VDH oder den jeweiligen Veranstalter zu beziehen ist, angemeldet werden. Vor Beginn der Schau ist der Impfpass mit einer gültigen Tollwutimpfung Ihrer Bulldogge vorzulegen. Außerdem sollten Sie eine Kopie der Ahnentafel für eventuelle Rückfragen mit sich führen.*

selbst dauert meist einen ganzen Tag, wobei Sie die meiste Zeit sicherlich mit Warten verbringen. Die Reaktion der Hunde auf das Ausstellungsgeschehen selbst ist unterschiedlich. Einige Vertreter scheinen sichtlich Vergnügen am Präsentieren und Posieren zu haben. Bei anderen Gespannen ist der Spaß am Gesehenwerden eher auf den vorführenden Zweibeiner begrenzt, der Vierbeiner hingegen würde den Tag sicherlich lieber tobend

Gelassene, nervenstarke Hunde, die nichts so schnell aus der Ruhe bringt, tun sich auf Ausstellungen leichter. Sie lassen sich durch die Menschen- und Hundeansammlungen nicht stressen.

Haltung

im Freien verbringen. In jedem Fall muss ein Hund für eine Ausstellung eine gewisse Nervenstärke mitbringen, damit ihn die Menschen- und Hundeansammlung auf engstem Raum nicht unnötig stressen.

Für Ausstellungsanfänger und junge Hunde kann die Teilnahme an einer Spezialzuchtschau geeigneter sein: Diese bieten meist mehr Platz, da sie in der Regel im Freien abgehalten werden.

So funktioniert's

Rassen- und Klasseneinteilung

Die Englische Bulldogge wurde von der FCI (Féderation Cynologique Internationale) in die Gruppe 2: Pinscher und Schnauzer, Molossoide, Schweizer Sennenhunde und andere Rassen, Sektion 2.1: Molossoide, doggenartige Hunde, ohne Arbeitsprüfung, eingeteilt.

- *Jüngstenklasse (6–9 Monate)*
- *Jugendklasse (9–18 Monate)*
- *Zwischenklasse (15–24 Monate)*
- *Offene Klasse (ab 15 Monate)*
- *Veteranenklasse (ab 8 Jahre)*
- *Championklasse (ab 15 Monate für Champions und Gewinner bestimmter Titel)*
- *Ehrenklasse (für Hunde mit dem Titel „Internationaler Schönheitschampion der FCI")*

Formwertnoten

- *Vorzüglich (V)*
- *Sehr gut (SG)*
- *Gut (G)*
- *Genügend (Ggd)*
- *Disqualifiziert (Disq)*

Die vier besten Hunde einer Klasse werden platziert, sofern sie mindestens die Formwertnote „Sehr gut" erhalten haben.

Beurteilungen in der Jüngstenklasse

vielversprechend (vv)
versprechend (v)
wenig versprechend (wv)

Weitere Wettbewerbe

Zuchtgruppe Sie besteht aus mindestens drei Hunden einer Rasse aus demselben Zwinger; die Hunde müssen am Tag der Ausstellung in der Einzelbewertung mindestens den Formwert „Gut" bekommen haben.

Auf einer Hundeausstellung sehen Sie die ganze Vielfalt einer Rasse.

Paarklasse Sie besteht aus jeweils einem Rüden und einer Hündin, die Eigentum eines Ausstellers sein müssen.

Juniorhandling Dies ist ein Vorführwettbewerb für Jugendliche, der als Vorbereitung gedacht ist, Hunde auch später im Ausstellungsring zu präsentieren.

Veteranen-Wettbewerb Hier können Hunde ab dem 8. Lebensjahr starten; es wird, nach den Vorgaben des Standards, besonders die Gesamtkonstitution, der Pflegezustand des Vierbeiners sowie die im Ring gezeigte Kondition beurteilt.

Die Reaktion der Hunde auf das Ausstellungstreiben selbst ist unterschiedlich, doch etliche Vierbeiner würde die Stunden sicherlich lieber tobend im Freien verbringen.

Freizeitpartner Hund
Begleiter in Freizeit und Alltag

Von wegen träge: Hundesport ist auch für die Englische Bulldogge eine vergnügliche und absolut sinnvolle Beschäftigung.

Freizeitpartner Hund

Englische Bulldoggen sind am liebsten immer und überall mit dabei.

Spielen ist für Hunde jeden Alters wichtig – es hält körperlich und geistig fit.

Für ein soziales Tier wie einen Hund gibt es nichts Schöneres, als seine Leute so oft wie möglich zu begleiten. Ein gewisser Grundgehorsam, und eine gute Sozialisation des Vierbeiners sind allerdings die Voraussetzung für entspannte Freizeitaktivitäten und einen abwechslungsreichen Alltag zu zweit.

Begleithundeprüfung (BH)

Voraussetzung für die Ausübung einiger Sportarten ist eine bestandene Begleithundeprüfung. Das Mindestalter der wedelnden Prüflinge liegt bei 15 Monaten. Der Vierbeiner muss auf dem Hundeplatz verschiedene Unterordnungsübungen absolvieren. Zudem gilt es außerhalb des Platzes einen Verkehrsteil zu bestehen, der das sichere und freundliche Verhalten des Hundes gegenüber anderen Verkehrsteilnehmern und Artgenossen überprüft. Für den Hundeführer gibt es zuvor noch eine theoretische Prüfung.

Hundesport

Grundsätzlich kann ein gesunder Bulldog im Rahmen des Möglichen an sehr vielen Hundesportarten teilnehmen. Dabei darf jedoch nie vergessen werden, dass Bulldoggen Kämpfer sind, das heißt, sie möchten alles mitmachen, verausgaben sich aber oft schnell, weil sie ihre Grenzen nicht kennen. Deshalb können sie sich selbst so überfordern, dass ein Zusammenbruch bis hin zum Tode möglich ist. Hier ist also der Besitzer und Hundeführer gefordert. Der Hund muss schonend an diverse Sportarten herangeführt werden. Es bedarf eines sanften, einfühlsamen Trainings, das sofort abgebrochen werden muss, wenn man merkt, es geht an die Grenzen des Hundes. Wärmen Sie Ihren Hund darüber hinaus grundsätzlich vor jeder sportlichen Aktivität auf, um Schäden am Skelett vorzubeugen.

Einige Disziplinen führt eine Bulldogge vielleicht nicht in der Perfektion aus wie es andere Rassen tun. Trotzdem ist Hundesport auch für diese Rasse eine kurzweilige und absolut sinnvolle Beschäftigung. Im Folgenden stellen wir Ihnen einige Sportarten vor, die für agile Englische Bulldoggen geeignet sind.

Agility

Agility ist mehr als nur ein schneller Sport. Agility festigt und vertieft die Beziehung zwischen Zwei- und Vierbeinern. Je nach Größe des Hundes gibt es drei verschiedene Startklassen: Mini (unter 35 cm Schulterhöhe), Medium (35 cm bis 43 cm SH) und Maxi (ab 43 cm SH), somit läuft eine Englische Bulldogge in der Kategorie Medium. Ein professioneller Parcours besteht aus 15 bis 20 Hindernissen und hat eine Länge zwischen 100 und 200 m. Bei einem Turnier sollten mindestens sieben Hochsprung-Hürden vorhanden sein. Diese können ganz unterschiedlich aufgebaut sein. So gibt es einfache Stangenhürden und Vollflächenhürden mit einer lose aufgelegten Stange. Außerdem kommen Hürden mit einem Gitter oder gekreuzten Stangen sowie Hindernisse aus Buschwerk zum Einsatz. Im Turnier-Parcours existieren zusätzlich das Viadukt und der Reifen. Beide verlangen sowohl Sprungkraft als auch genaues Taxieren. Ein Sprung durch die Rahmenaufhängung des Reifens gilt innerhalb eines Wettbewerbs als Verweigerung. Der Weitsprung fordert im Turnier Schnelligkeit und Konzentration vom Hund. Weitere Standardgeräte sind Tunnel und Stofftunnel. Für Kontaktzonengeräte wie die A-Wand, der Laufsteg und die Wippe besagt das Reglement, dass der Hund bei einem fehlerfreien Auf- und Abstieg mindestens eine Pfote im unteren,

Der Tunnel ist schon ein wenig unheimlich, aber zum Glück ist die Mama mit dabei.

farblich markierten Bereich aufsetzen muss. Slalom und Tisch dürfen ebenfalls nicht fehlen. Auf dem Tisch soll der Vierbeiner für fünf Sekunden eine vorher festgelegte Position wie Sitz, Platz oder Steh einnehmen. Im Turnier bedeutet der Tisch eine Ruhephase, denn der Aktionsfluss wird kurzzeitig unterbrochen. Der Tisch wird heute aber nur noch selten gestellt. Die Bewertung erfolgt am Ende je nach Zeit, eventuellem Abwurf oder Verweigerung.

Aufgrund ihres hohen Gewichts bei einer relativ geringen Körpergröße soll eine Bulldogge mit Rücksicht auf ihre Gelenke und Wirbelsäule nicht allzu viel springen. Strenges Wettkampf-Agility ist daher für den stämmigen Vierbeiner eher ungeeignet, zumal eine Bull-

> **Tipp!**
> *Ausdauersportarten, bei denen der Hund länger läuft, sind nur für absolut gesunde, normalgewichtige und nicht zu alte Hunde geeignet. Auch junge Vierbeiner müssen mit Rücksicht auf ihren noch instabilen, weichen Bewegungsapparat geschont werden: gewöhnen Sie Ihren haarigen Begleiter erst ab einem Alter von etwa eineinhalb Jahren langsam an längere Strecken.*

dogge auch nicht so schnell ist wie beispielsweise ein Border Collie. Trotzdem haben etliche Rassevertreter viel Spaß am Überqueren eines gemäßigten Agility-Parcours und der Spaß soll bei der Beschäftigung mit Ihrem Hund ja auch immer an erster Stelle stehen.

Trickdogging

Trickdogging-Kurse oder -Workshops kommen in Hundeschulen immer mehr in Mode. Dabei werden Gehorsamkeitsübungen mit Spaßlektionen verbunden. Die vierbeinigen Schüler lernen kleine Kunststückchen und Spiele, die der Hundeführer auf Spaziergängen oder bei schlechtem Wetter im Haus ganz einfach „abfragen" kann. Hier ist also Kopfarbeit gefragt, die der Englischen Bulldogge aufgrund ihrer Intelligenz sehr liegt. Im Mittelpunkt steht immer der Spaß und nicht die perfekte Leistung. Die Palette der Übungen ist groß: winken, verbeugen, „give me five", das schnurlose Telefon bringen oder ein Taschentuch aus der Hose ziehen sind nur einige wenige Beispiele. Da dieses Training individuell auf jeden einzelnen Vierbeiner zugeschnitten werden kann, ist es auch gut für ältere Bulldogs, Hunde mit Handicap oder ängstliche Hunde geeignet.

> **Achtung!**
>
> *Lassen Sie nur absolut gesunde, normalgewichtige Bulldoggen, ohne Wirbelsäulen- und Gelenkprobleme, an maßvollem Hundesport teilnehmen. Sehr häufige hohe Sprünge und abruptes Abbremsen sind für den Bewegungsapparat der relativ schweren Englischen Bulldogge auf Dauer schädlich.*

Dogdancing

Dogdancing ist eine Sportart, die den Hund körperlich, aber auch und vor allem geistig fordert. Der Hundeführer entwickelt zusammen mit seinem vierbeinigen „Tanzpartner" eine Choreographie, die auf einer perfekten Fußarbeit basieren soll. Zusätzlich führt der Hund diverse Tricks vor. Die gesamte Darbietung muss möglichst synchron zu einer begleitenden Musik ausgeführt werden. Bei der Zusam-

Give me five: Beim Trickdogging werden Gehorsamsübungen mit Spaßlektionen verbunden.

Für Dogdancing lässt sich die Bulldogge auch begeistern.

Begleiter in Freizeit und Alltag

Die beim Trickdogging gelernten Kunststückchen und Spiele lassen sich wunderbar zwischendurch zu Hause oder auf dem Spaziergang einbauen.

Mit dem Kommando „Such" beginnt der Vierbeiner bei der Fährtenarbeit einer Spur zu folgen. Hat er das Gesuchte gefunden, zeigt er dies etwa durch Ablegen an.

menstellung einer Dogdancing-Choreographie sind viel Kreativität und Fantasie gefragt. Für die Einstudierung sind Geduld, Humor und eine gute Motivation des Hundes nötig. Eine Vorführung, die nicht nur paarweise, sondern auch in Gruppen-Formationen geschehen kann, soll freudig und voller Harmonie sein.

Mobility

Mobility ist eine Sportart, die sich für Menschen und Hunde jeden Alters, aber auch gehandicapte Vierbeiner eignet, denn die zu absolvieren Aufgaben werden individuell an die startenden Hunde angepasst. Dabei gilt es Elemente aus dem Agility, aber auch andere Spaßlektionen, wie Schaukeln, in einem Bollerwagen fahren oder ein Dummy apportieren, zu bewältigen. Außerdem können kleine Unterordnungsübungen und Kunststückchen abgefragt werden. Damit der Parcours als bestanden gilt, muss das sechsbeinige Team mindestens zwölf von siebzehn Stationen fehlerfrei durchlaufen. Anschließend folgt für Herrchen oder Frauchen ein Theorieteil mit zehn Fragen rund um den Hund. Sind acht Antworten richtig, hat auch der Zweibeiner seinen Test bestanden. Bei Mobility stehen grundsätzlich der Spaß und das Teamwork mit dem Hund im Mittelpunkt.

Fährtenarbeit

Bei der Fährtenarbeit lernt ein Hund, einer Bodenverletzung (z.B. durch meschliche Fußabdrücke) in natürlichem Gelände zu folgen. Die Einweisung des Vierbeiners erfolgt am Anfang, dem sogenannten Ansatz der Fährte mit dem Kommando „Such". Der Führer ist mit einer 10-m-Leine mit dem Hund verbunden. Der Vierbeiner trägt bei dieser Arbeit ein

Schon Welpen können zu kurzen Fährten angeregt werden, Schnüffelspiele machen auch ihnen Spaß, vor allem, wenn am Ende ein feines Leckerli winkt.

spezielles Geschirr. Je nach Schwierigkeitsgrad sind in die zu verfolgende Spur spitze und stumpfe Winkel sowie kreuzende Fremdfährten (Verleitungen) eingebaut. Findet der Vierbeiner unterwegs Gegenstände von seinem Herrn, muss er diese beispielsweise durch Ablegen anzeigen (verweisen). Der Führer zeigt dem Richter den Gegenstand und setzt den Hund erneut auf der Fährte an; am Ende der Spur winkt der Supernase eine tolle Belohnung.

Obwohl der Bewegungsdrang von Bulldoggen unterschiedlich ausgeprägt ist, haben die meisten Spaß an sportlichen Aktivitäten.

Die Englische Bulldogge als Freizeitbegleiter

Unterwegs mit dem Fahrrad

Der Bewegungsdrang von Bulldoggen ist individuell unterschiedlich ausgeprägt. Trotzdem haben die meisten Vertreter Spaß an sportlichen Aktivitäten mit ihren Menschen. Auch bei einer Fahrradtour müssen Sie nicht auf ein Zusammensein mit Ihrem Bulldog verzichten, wenn Ihr Vierbeiner in einem speziellen Fahrradkorb (für Welpen) oder -anhänger (für ausgewachsene Hunde) Platz nehmen und die Aussicht genießen darf. Für radbegeisterte Bulldoggenhalter ist also die Anschaffung eines Hundefahrradkorbes bzw. -anhängers empfehlenswert.

Bitte beachten Sie ...

Wählen Sie die Beschäftigung mit Ihrer Englischen Bulldogge nach ihren individuellen Vorlieben, ihrem Gesundheitszustand und ihrer allgemeinen Fitness aus, denn nicht jeder Hund ist für jede Sportart zu begeistern. Nehmen Sie auch Wettkampfsport nicht allzu ernst: Drill und übertriebener Ehrgeiz haben hier nichts verloren; der Spaß soll bei diesem Teamwork immer an erster Stelle stehen. Betrachten Sie Trainer ebenfalls unter diesem Gesichtspunkt: Nehmen Sie Abstand von strengen, autoritären Unterrichtsmethoden; humorvolle Motivationen sind das A und O einer optimalen Vertrauensbeziehung zwischen Ihnen und Ihrer Bulldog. Nur so macht Ihrem Vierbeiner die Zusammenarbeit mit Ihnen Spaß und nur so ist sie Erfolg versprechend. Über das Internet finden Sie Hundesportplätze und -vereine in Ihrer Nähe. Geht es um die Suche nach einer passenden Trainingsmöglichkeit, sind auch Tierschutzvereine, Tierärzte, Zoogeschäfte oder andere Hundebesitzer in Ihrer Umgebung geeignete Ansprechpartner. Ehe Sie sich endgültig für einen Hundeplatz entscheiden, ist ein mehrmaliges Zuschauen vorab sowie Gespräche mit Trainern und Teilnehmern empfehlenswert. Besteht die Möglichkeit, sehen Sie sich am besten gleich mehrere Übungsplätze näher an. Ebenfalls hilfreich für die Entscheidungsfindung ist die Teilnahme an einer Probestunde. Wichtig ist, dass die Kursleiter individuell auf jede Hundepersönlichkeit eingehen.

Begleitet Sie Ihre Bulldogge auf einer längeren Tour, packen Sie nicht nur für sich Proviant ein, sondern zumindest etwas zu Trinken für den Hund.

Im Fachhandel gibt es spezielle Walking-Leinen und -Gürtel, damit der Walker die Hände frei hat und sich ganz aufs Walken konzentrieren kann.

Viel Spaß am laufenden Band

Auch beim **Walken** und **Nordic Walking** kann Sie eine sportliche Englische Bulldogge Begleiten. Wie immer gilt für Mensch und Hund: geteiltes Vergnügen ist doppelte Freude. Vergessen Sie selbst bei gut folgenden Hunden nie, eine Leine für den Notfall mitzunehmen. Leinen Sie jagdbegeisterte Vierbeiner im Wald mit Rücksicht auf Wildtiere an. Inzwischen gibt es im Fachhandel spezielle Walking-Leinen und -Gürtel, damit der Walker die Hände frei hat; in einen Walkinggürtel wird die Leine einfach eingehängt. Natürlich muss Ihre Englische Bulldogge so gut erzogen sein, dass sie nicht ungestüm an der Leine zieht. Planen Sie eine größere Runde mit Pause, vergessen Sie etwas Wasser für Ihren Vierbeiner nicht. Lassen Sie ihn allerdings nicht zu viel davon trinken, damit er durch das Rennen mit vollem Bauch keine Magendrehung bekommt.

Probier's mal mit Gemütlichkeit

Mögen Sie und Ihr Hund es lieber langsamer, probieren Sie es mal mit einer ruhigeren Wanderung. Da jedoch auch hier von Zwei- und Vierbeinern Ausdauer gefragt ist, müssen Sie das Training wieder erst langsam aufbauen. Packen Sie für längere Touren neben einer eigenen Brotzeit auch Trinkwasser und, je nach Dauer, eine kleine Futterration sowie einen Napf für Ihre Englische Bulldogge ein. Vergessen Sie außerdem ein Erste-Hilfe-Notfallset nicht.

Rund ums Spielen

Warum Spielen so wichtig ist

Alle jungen Tiere spielen gerne, denn Spielen macht Spaß, aber nicht nur das: im Spiel lernt ein Vierbeiner fürs Leben und zwar sein Leben lang. Schon Welpen lernen spielerisch

---

Gesundheits-Tipp für vierbeinige Sportskanonen

Erste Hilfe bei Muskelkater: vorbeugend gleich nach der Anstrengung 1 Tablette Rhus toxicodendron D30 oder im Akutfall 2x tgl. 1 Tablette. Zusätzlich ist eine Einreibung mit Bach-Rescue-Salbe möglich.

Freizeitpartner Hund

Keinen Sport mit vollem Bauch

Wegen der Gefahr einer Magendrehung darf ein Hund grundsätzlich vor sportlichen Aktivitäten nichts zu fressen bekommen. Füttern Sie ihn auch nicht unmittelbar danach, sondern erst nach einer ca. 20-minütige Erholungspause: eine große, gierig verschlungene Portion kann zusätzlich Kreislauf belastend sein und schwer im Magen liegen.

Zeigen Sie Ihrer Englischen Bulldogge, dass es draußen beim Spaziergang viele Abenteuer zu erleben gibt – so wird Gassigehen nie langweilig.

Tipp!

Nehmen Sie als Hundebesitzer auf Spaziergängen Rücksicht auf andere Jogger und Radfahrer: Rufen Sie Ihren Bulldog ab und lassen Sie ihn kurz bei Fuß gehen, bis Jogger oder Radler vorüber sind. Dies ist zugleich ein gutes Erziehungstraining.

ihre Umwelt kennen, lernen aus guten und schlechten Erfahrungen. Aber auch die Rangordnung innerhalb des Hunderudels und später innerhalb der Familie wird spielerisch ausgetestet. Das Spiel mit Artgenossen legt für Welpen den Grundstein zu einem normal entwickelten, ausgeglichenen Sozialverhalten. Spielen ist aber nicht nur für junge Hunde wichtig. Im Grunde kann ein Vierbeiner bis ins hohe Alter spielerisch lernen. Erwachsene Hunde testen untereinander ebenfalls immer wieder im Spiel ihre Rangordnung aus. Sehr selbstbewusste Tiere versuchen oft innerhalb ihrer Familie durch schelmische Tricks ihre Grenzen und ihren Stand in der Familie auszuloten. Lassen Sie sich hiervon nicht einwickeln, sonst haben Sie schnell verspielt. Auch veränderte Lebensbedingungen oder unbekannte Gegenstände werden noch von erwachsenen Hunden spielerisch erforscht. Häufiges Spielen schult außerdem das Gehirn des Vierbeiners. So belegen Studien, dass Hunde, die in ihrer Welpenzeit kaum Eindrücke sammeln konnten, ihr Leben lang weniger aufnahmefähig sind als Artgenossen, die zwar von den Erbanlagen her nicht so intelligent sind, dafür aber mehr gefördert wurden. Vierbeiner, denen mehr geboten wird, können sich auch nachweislich besser konzentrieren. Junge Hunde erfahren durch ausgelassenes Toben nach Erziehungseinheiten eine tolle Belohnung; sie dürfen nun ihren, durch die Anspannung des Lernens aufgestauten Ener-

Hunde, egal welchen Alters, die nicht spielen dürfen, können seelisch und auch körperlich verkümmern.

Begleiter in Freizeit und Alltag

Zehn Spielregeln für Sie und Ihre Englische Bulldogge

Spielen macht Spaß, allerdings nur, wenn sich alle Mitspieler an bestimmte Regeln halten. Im Zusammenspiel mit Ihrer Englischen Bulldogge bleiben Sie jedoch immer der Chef, der auch dafür sorgt, dass Ihr cleverer Vierbeiner nicht still und heimlich Ihre Autorität untergräbt.

- Sie bestimmen Zeitpunkt und Ort.
- Sie legen das Spielende fest.
- Sie sind der Spielzeug-Verwalter
- Kein Tauziehen mit dominanten Rambos.
- Nach dem Füttern herrscht Spielverbot (Magendrehung).
- Lassen Sie Ihren Hund während des Spiels keine großen Mengen trinken (Magendrehung).
- Nicht in der größten Mittagshitze spielen.
- Achten Sie auf ausreichende Ruhephasen.
- Belohnen Sie nicht nur mit Leckerli, sondern auch mit Stimme, Streicheln und Spielzeug.
- Hören Sie auf, wenn's am Schönsten ist.

Hunde nutzen jede erdenkliche Chance aus, um vielleicht doch heimlich Ihre Autorität untergraben zu können. Aber: Sie sind und bleiben der Chef!

gien so richtig freien Lauf lassen und entspannen sich somit wieder. Gehen Sie die Erziehung Ihres Bulldogs spielerisch an, wirkt dies sehr motivierend auf den Vierbeiner, denn der Spaß kommt dabei nie zu kurz. Außerdem entwickelt sich ein intensives Vertrauensverhältnis zwischen Ihnen und Ihrem Hund. Regelmäßige Spielstunden schweißen Sie und Ihre Bulldogge zu einem richtigen Dream-Team zusammen. Auf diese Weise bleibt Ihr vierbeiniger Kamerad auch im Alter lange körperlich und geistig fit. Schüchterne Vertreter gelangen durch einfache Spiele, die Erfolge bringen, zu einem neuen, gestärkten Selbstbewusstsein. Spielen ist für Hunde jeden Alters also in den unter-

Auch so manche Englische Bulldogge apportiert gerne.

Freizeitpartner Hund

Bitte beachten Sie …

Nicht jeder Hund ist für jedes Spiel zu begeistern. Stellen Sie fest, dass Ihre Bulldogge keinen Spaß an einem Spiel hat, wechseln Sie lieber zu einem anderen über. Diese Spiele sollen für beide Seiten eine lustige Abwechslung im Herr-Hund-Alltag sein und nicht in Drill und Frust ausarten.

Wichtige Auflockerung

Trainieren Sie immer nur in kurzen Sequenzen, denn Ihr Hund muss sich beim Erlernen von Kunststückchen sehr konzentrieren. Schließen Sie stets mit einem Erfolgserlebnis ab und lockern Sie die einzelnen Lernschritte durch Pausen auf. Auch ein zwischenzeitliches Toben im Garten macht den Kopf wieder frei für die Aufnahme neuer „Befehle".

schiedlichsten Bereichen wie ein Lebenselixier, ohne das sie auf Dauer physisch und psychisch verkümmern würden.

Lustige Hundespiele

Apportierspiele Beherrscht Ihre Englische Bulldogge das Kommando „Apport", hat sie großen Spaß an Bringspielen. Sie wird stolz wie Oskar sein, wenn sie Ihnen ab jetzt die Zeitung, einen Pantoffel, Ihre Socken oder einen kleinen Schirm tragen darf. Für die Gartenarbeit bringt Ihnen Ihr vierbeiniger Gentleman gerne die Gummihandschuhe oder eine kleine Gießkanne. Wasserratten apportieren auch aus dem kühlen Nass. Hier gibt es inzwischen spezielles Neopren-Spielzeug in verschiedenen Größen, das sehr leicht ist und somit gerade für kleine Hunde gut geeignet ist.

Kreative Hürden Sportliche Bulldoggen haben großen Spaß am Überspringen von niedrigen Hürden. Legen Sie hierfür ein bis zwei Handfeger oder Schuhbürsten mit den Borsten nach oben auf den Boden und lassen Sie Ihre bellende Hupfkugel darüber springen. Zwei niedrige Pappkartons, auf denen in einer vorher ausgeschnittenen Rundung ein Besenstiel platziert wird, ergeben ebenfalls eine attraktive Hürde für Ihren Bulldog. Ein Stock kann, auf zwei Ziegelsteine gelegt, übersprun-

Nach einem Tag beim Tiersitter macht das Spielen mit Frauchen doppelt Spaß.

gen werden. Setzten Sie sich auf den Boden, lädt Ihr ausgestrecktes Bein zum Überspringen ein. Vier Ziegelsteine oder mehrere umgedrehte, kleinere Blumentöpfe sind ebenfalls ein tolles Hindernis. Eine mit Wasser gefüllte, rechteckige Katzentoilette stellt einen Wassergraben dar.

Für Supernasen Etliche Bulldoggen sind für Schnüffelspiele zu begeistern. Verstecken Sie Ihrem Vierbeiner mal ein Stück Pansen in einer speziellen Schnüffelbox. Wickeln Sie hierfür den Pansen in ein altes Handtuch; dieses geben Sie nun samt duftendem Inhalt locker in eine Pappschachtel, deren Deckel bereits mit einigen Duftlöchern versehen ist. Jetzt heißt es für Ihren Hund: „Auf die Plätze, fertig, los!" Feuern Sie ihn mit dem Kommando „Such" und eigener Begeisterung an, sein Leckerli zu finden. Selbstverständlich dürfen dabei auch die Fetzen fliegen. Fortgeschrittene Vierbeiner können nach bestimmten Gegenständen suchen, die nach Ihnen riechen, wie beispielsweise Geldbeutel, Handschuh oder Schlüsselbund. Nehmen Sie auf einem Spaziergang unbemerkt vom Hund einen Tannenzapfen auf, reiben Sie ihn in Ihren Händen, werfen Sie ihn wieder weg und schicken Sie Ihre Supernase auf Streife. Loben sie eifrig, wenn Ihr Bulldog die richtige Richtung einschlägt. Hat er den Zapfen gefunden und nimmt er ihn auf, belohnen Sie ihn ausgiebig. Am Ende winkt natürlich ein Leckerli. Eine Abwandlung des Spiels besteht darin, dass Ihre Bulldogge aus einem ganzen Haufen von Tannenzapfen den herausfinden soll, den Sie vorher in der Hand hatten.

Wasserspiele Apportierfreudige Wasserratten holen begeistert Spielzeug aus dem Wasser. Hierfür gibt es im Fachhandel inzwischen spezielles, schwimmendes Neoprenspielzeug. Schwere Bälle aus Vollgummi eignen sich für Hunde, die gerne im flacheren Uferbereich tauchen. Ein verlockendes Leckerli lädt ebenfalls zu einem kurzen Tauchgang ein. Haben Sie kein Naturgewässer in der Nähe, kann auch eine Plastikwanne oder ein Kinderplantschbecken für kleine Tauch- und Plantschabenteuer herhalten. Sichern Sie den rutschigen Boden jedoch mit einer Duschwanneneinlage ab.

Werfen Sie Ihrem vierbeinigen Begleiter im flachen Wasser einen weichen oder aufblasbaren Ball zu, den er dann wieder zu Ihnen zurückstupsen soll. Ist das Wasser tiefer müssen Sie beide schwimmend agieren.

Behalten Sie Ihren Bulldog am Wasser jedoch immer im Auge und sichern Sie ihn mit Geschirr und Schleppleine.

In einer Plastikwanne oder einem Kinderplantschbecken lässt es sich toll abkühlen.

Freizeitpartner Hund

Gefährliches Hundespielzeug!

- ☠ *Alle spitzen und scharfkantigen Gegenstände sind als Hundespielzeug absolut ungeeignet; dies gilt auch für Spielzeug, in dem spitze Teile wie Nägel oder Drähte eingearbeitet sind.*
- ☠ *Gefährlich für Hunde ist Kinderspielzeug wie Legobausteine oder Stofftiere mit Glasaugen oder Knöpfen, die schnell abgerissen und gefressen sind.*
- ☠ *Ebenfalls absolut tabu sind Schnüre, dünne Nylonstrümpfe, Plastikbecher oder Luftballons.*
- ☠ *Zu schweren Verletzungen können Materialien führen, die leicht splittern oder zerbrechen, wie bestimmte Holzarten, Glas, Keramik oder manche Kunststoffteile.*
- ☠ *Verboten sind Äste von giftigen Sträuchern sowie lackierte Dinge.*

Immer beliebt, aber doch auch gefährlich im Maul: Stöckchen.

Bei all diesen Dingen drohen dem Hund nicht nur schwere Verletzungen im Maul, sondern auch im Magen-Darm-Trakt. Im schlimmsten Fall kann Ihr Vierbeiner ersticken oder einen Darmverschluss bekommen.

Selbst gemachtes Hundespielzeug

Leicht lässt sich ein Jute- oder Lederspielzeug selber herstellen: nehmen Sie hierfür einen alten Jutesack, füllen sie ihn mit etwas Holzwolle und binden Sie ihn mit einem Baumwollstrick fest zu. Lederreste ergeben zusammengenäht und ausgestopft ebenfalls ein interessantes Apportel. Ein abgetrenntes Jeansbein, ein ausrangiertes T-Shirt, ein ausgedienter Strumpf oder ein altes Handtuch sind, allesamt mit einem großen Knoten versehen, lustige Schleuderspielzeuge.

Welpen sind verspielt und toben gerne.

Vorsicht mit Kartons

Für eine Englische Bulldogge kann das Spiel mit Pappschachteln und Zeitungen gefährlich werden: Durch das starke Einspeicheln beim Kauen kleben die Reste oft am Gaumen und werden auch mal verschluckt. Bleiben dann Teile davon im Schlund stecken bleiben, kann dies zum Ersticken der Hunde führen. Daher sollten Bulldogs Kartons nur unter Aufsicht zerlegen dürfen.

Erste-Hilfe-Tipp!

Hat Ihr Hund doch einmal aus Versehen ein gefährliches spitzes oder scharfes Teil gefressen, füttern Sie als Erste-Hilfe-Maßnahme sofort rohes Sauerkraut. Dies wickelt sich im Verdauungstrakt um den Gegenstand, sodass dieser, meist ohne weitere Schäden anzurichten, wieder ausgeschieden wird. Kontaktieren Sie zur Sicherheit aber trotzdem auch ihren Tierarzt.

Der gemeinsame Alltag

Eine wohl erzogene Englische Bulldogge ist im Alltag ein toller Begleiter. Ihre Freunde freuen sich sicherlich nicht nur über Ihren Besuch, sondern auch über Ihren haarigen Gefährten, der überall schnell gute Laune zaubert. Der gemeinsame Gang in ein Restaurant sowie das brave unter dem Tisch Liegen versteht sich für einen vierbeinigen Gentleman von selbst. Mit einem vorbildlichen Hund sind Sie ein gern gesehener Gast, der fast schon negativ auffällt, wenn er einmal ohne seinen vierbeinigen Begleiter kommt. Die mittägliche Einkehr wird Ihrem Bulldog versüßt, wenn er genüsslich ein wohlverdientes Schweineohr kauen darf. Ein anschließender Verdauungsspaziergang tut nicht nur Ihnen, sondern auch Ihrem Vierbeiner gut. Ein gut erzogener Hund kann Sie außerdem zum Einkaufen begleiten. Gerne trägt Ihnen ein eifriger Apporteur beispielsweise eine gekaufte Zeitung nach Hause. Auf diese Weise haben nicht nur Sie, sondern auch Ihre Bulldogge Spaß am gemeinsamen Shoppen.

Etliche Hunde sind wahre Autofetischisten, die einfach nur gerne mitfahren. Achten Sie hier unbedingt auf die ausreichende Sicherung Ihres Vierbeiners, ansonsten kann es im Falle eines Unfalls nicht nur gefährlich, sondern auch teuer werden, denn Tiere gelten im Auto rechtlich gesehen als Ladung. Sicherungssysteme gibt es inzwischen viele, doch leider sind nicht alle wirklich empfehlenswert. Achten Sie bei der Auswahl am besten auf vorliegende Ergebnisse von Crashtests oder DIN-Prüfungen. Auch der ADAC hat eine Liste mit Vor- und Nachteilen unterschiedlicher Sicherungseinrichtungen wie Spezialsicherheitsgurte, Trenngitter, Transportboxen & Co. herausgegeben.

Natürlich kann Sie Ihre Bulldogge bei vielen weiteren Aktivitäten begleiten: zum Beispiel bei einem Ausflug an einen Badesee oder im Winter zum Langlaufen. Vielleicht haben Sie auch einen hundefreundlichen Chef, der sich über einen vierbeinigen Mitarbeiter mit Aufgabenschwerpunkt „Verbesserung des Betriebsklimas" freut. Wichtig ist bei allem, dass Sie Ihren Hund ganz behutsam an die jeweils neue Situation heranführen. Sparen Sie dabei nie mit Lob. Trauen Sie ihm andererseits aber

Was ist schöner als eine Englische Bulldogge? Zwei Englische Bulldoggen ...

Freizeitpartner Hund

auch außerhalb Ihrer vier Wände ruhig ein ordentliches Auftreten zu. Nur Mut!

Hundesitter und Tagesstätten
Sicherlich können Sie Ihren Bulldog nicht immer überallhin mitnehmen. Sollten Sie länger als vier Stunden abwesend sein, ist es besser, ihn bei einem Hundesitter unterzubringen als ganz alleine zu lassen. Idealerweise finden Sie jemanden im Freundes- oder Verwandtenkreis, der Ihre Bulldogge liebt und bei dem diese sich auch wohl fühlt. Ist dieser Fall für Sie unrealistisch, fragen Sie andere Hundebesitzer, die Sie täglich beim Spaziergang treffen; vielleicht kennt jemand eine hundebegeisterte Person, die selbst keinen Vierbeiner halten kann, aber hoch erfreut über gelegentlichen Hundebesuch ist. Häufig sind Tiersitter auch Tierärzten, Tierschutzvereinen, Hundeschulen, Zoofachhändlern oder Ihrem Züchter bekannt. Empfehlenswert ist ebenfalls der Blick in die Kleinanzeigen Ihrer Tageszeitung oder ins Internet. Lassen Sie Ihre Bulldogge lieber von einem Profi be-

Nach einem Tag beim Tiersitter ist das Kuscheln mit Frauchen noch schöner.

treuen, wenden Sie sich an eine Hunde-Tagesstätte. Hier sind meist mehrere Vierbeiner gleichzeitig „geparkt". Für gut sozialisierte Hunde ist dieser Aufenthalt ein großer Spaß, da sie hier viel Kontakt mit Artgenossen bekommen.

Sensiblere Vertreter fühlen sich eventuell bei einem privaten Betreuer wohler, denn er kümmert sich ganz individuell ausschließlich nur um ihn. Tagesstätten sind häufig Hundepensionen oder -hotels angegliedert. Hier ist der Aufenthalt in der Regel teurer als bei einer privaten Stelle. Andererseits können Sie in professionellen Betrieben oftmals Extras wie Erziehungstraining, Tierarztbesuche oder Wellnessprogramme buchen. Lassen Sie sich auf alle Fälle viel Zeit bei der Suche und Auswahl eines geeigneten Hundesitters. Sehen Sie sich vor Ort genau um und beobachten Sie gut, wie Mensch und Hund miteinander umgehen und aufeinander reagieren. Nur wenn ein optimales Vertrauensverhältnis gegeben ist, werden sich beide Seiten wohl fühlen. Und nur dann können Sie beruhigt auch mal ohne Ihren Bulldog unterwegs sein. Gewöhnen Sie Ihren Vierbeiner möglichst frühzeitig an die Unterbringung bei anderen Personen, dann fällt ihm später die vorübergehende Trennung von Ihnen nicht so schwer.

Bei der Suche nach einem geeigneten Hundesitter sollten Sie sich unbedingt Zeit nehmen. Schließlich soll Ihr vierbeiniger Liebling viel Zeit dort verbringen und sich wohl fühlen.

Urlaub

Am Strand toben, im Wasser plantschen und längere Zeit mit der ganzen Familie rund um die Uhr zusammen sein – das ist der Traum einer jeden Englischen Bulldogge.

Mit der Englischen Bulldogge auf Reisen

Dabeisein ist für eine Englische Bulldogge alles, daher gibt es für sie auch nichts Schöneres als Sie im Urlaub zu begleiten. Ein sicherer Garant für eine erholsame Reise ist in erster Linie eine gute Organisation im Vorfeld. Bedenken Sie unbedingt bei Ihrer Planung, dass sich eine Bulldogge grundsätzlich in gemäßigtem Klima wohler fühlt, als an einem besonders heißen oder extrem kalten Urlaubsort. Möchten Sie ins Ausland fahren, erkundigen Sie sich vorab über die landesspezifischen Einreisebestimmungen für Ihren Hund. Sprechen Sie außerdem vor Ihren Ferien mit Ihrem Tierarzt; er wird Sie beraten und aufklären und Ihnen alle erforderlichen Medikamente mitgeben. Vergessen Sie nicht, den auf dem Mikrochip des Hundes enthaltenen Code spätestens vor einer geplanten Reise bei einem Tierregister (siehe Kapitel „Hilfreiche Adressen") eintragen zu lassen, damit Ihr Vierbeiner im Falle eines Verschwindens schneller wiedergefunden werden kann. Besorgen Sie rechtzeitig alle Grenzpapiere, fehlendes Reisezubehör und Hundefutter.

Haben Sie einen hundefreundlichen Urlaubsort gefunden, geht es an die Suche einer ge-

> **Tipp!**
>
> Wenn Sie selbst eine kurze Toilettenpause benötigen, lassen Sie Ihre Bulldogge an heißen Tagen nie im Auto zurück. Auch geöffnete Fenster verhindern nicht die enorme Aufheizung des Autos, das für den Vierbeiner schnell zur quälenden und tödlichen Falle werden kann.

Freizeitpartner Hund

Die meisten Hunde fahren liebend gerne mit im Auto. Transportieren Sie Ihren Verbeiner aber unbedingt vorschriftsgemäß gesichert.

eigneten Unterkunft. Wollen Sie ein All-Inclusive-Paket buchen, sind Sie mit einem tierfreundlichen Hotel gut beraten. Inzwischen gibt es sogar richtige Hundehotels, in denen sich Herr und Hund gleichermaßen verwöhnen lassen können. Außerdem werden Hotels mit angegliederter Hundeschule immer beliebter. Gerade Singles treffen hier viele Gleichgesinnte und knüpfen schnell Kontakte.

Lieben Sie es dagegen ruhiger, sind Sie gern flexibel und können gut auf Luxus verzichten, empfiehlt sich ein Ferienhaus oder -wohnung.

§ Rechts-Tipp

Taxifahrer können von ihren Kunden nicht zum Transport größerer Hunde verpflichtet werden. Gemäß der geltenden Betriebsverordnung für Taxis dürfen Tiere nicht auf Sitzplätzen untergebracht werden. Auch die Fußräume zwischen den Sitzen bieten für große Hunde nicht genügend Platz, daher darf ein Taxifahrer einen Fahrauftrag aus Platzmangel ablehnen. OLG Düsseldorf

Hier sind Sie Ihr eigener Herr und haben für sich und Ihre Bulldogge viel Platz. Urige Camping- und Hüttenaufenthalte stellen für abenteuerlustige Outdoorfreaks mit sportlichen Bulldoggen eine reizvolle Alternative zum herkömmlichen Urlaub dar. Erkundigen Sie sich aber unbedingt vorab, ob Ihr Vierbeiner auch wirklich willkommen ist. Über das Internet oder das Tourismusbüro Ihres ausgewählten Ferienortes bekommen Sie entsprechende Adressen und Informationen.

Fahrplan für Vierbeiner

Eine gute Organisation schließt auch die Wahl nach einem passenden Verkehrsmittel mit ein. Damit bereits die Anreise für alle Beteiligten stressfrei und entspannend wird, gibt es für die Mitnahme des vierbeinigen Lieblings je nach Land und gewähltem Verkehrsmittel einiges zu beachten. Am beliebtesten ist sicherlich die Fahrt mit dem Auto. Ihre Englische Bulldogge benötigt hier unbedingt einen eigenen Platz, an dem sie vorschriftsmäßig gesichert ist. Achten Sie außerdem auf ausreichend Kühlung sowie Frischluft und Wasser. Vermeiden Sie jedoch Zugluft, denn die kann zu schweren Augenentzündungen und Erkältungen führen. Regelmäßige Gassi- und Trinkpausen sind ein Muss. Halten Sie dafür immer Wasserflasche und -napf griffbereit. Damit Ihr Bulldog nicht mit schwerem Magen losfährt, füttern Sie ihn zuletzt maximal vier Stunden vor Reiseantritt. Führt Ihre Strecke über Bergstraßen, bieten Sie Ihrem Vierbeiner bei häufigem Gähnen oder Hecheln ein paar Leckerli oder einen Kauknochen an, damit sich der unangenehme Druck auf den Ohren löst. Planen Sie auf jeden Fall genug Zeit für die Anreise ein, eventuell sogar mit Zwischenübernachtungen. Die besten Reisezeiten sind morgens und abends, eventuell sogar nachts. Versuchen Sie Staugebiete zu umfahren. Geraten Sie trotzdem in einen Stau, verlassen Sie bei nächster Gelegenheit lieber

Urlaub

die Autobahn für einen Spaziergang, bis sich der Stau wieder aufgelöst hat.

Mit der Bahn unterwegs

Für die Fahrt in einem öffentlichen Verkehrsmittel ist ein guter Benimm Ihrer Bulldogge eine selbstverständliche Grundvoraussetzung. Außerdem ist eine gewisse Nervenstärke nötig, denn nicht nur auf dem Bahnsteig, sondern auch im Zug selber muss Ihr vierbeiniger Begleiter häufig mit Menschenmengen und großer Enge fertig werden.

Das gehört ins Hundegepäck

- ✓ Leine und Halsband bzw. Geschirr
- ✓ Adressen-Schild fürs Halsband mit Urlaubsadresse und dem Reisezeitraum sowie der Heimatadresse
- ✓ Maulkorb bzw. Maulschlinge
- ✓ Eventuell Transportbox
- ✓ Körbchen, Decke und Handtücher
- ✓ Spielzeug
- ✓ Frisches Trinkwasser und Näpfe
- ✓ Futter, Leckerli und Kauknochen
- ✓ Dosenöffner
- ✓ Bürste und/oder Noppenhandschuh
- ✓ Kottütchen
- ✓ Sonnenschutz
- ✓ Reiseapotheke
- ✓ Heimtierausweis/Grenzpapiere
- ✓ Versicherungsnummer und Anschrift der Haftpflichtversicherung

Frisches Wasser für unterwegs darf auf Reisen nie fehlen.

Gehen Sie vor der Abreise noch ausgiebig spazieren, damit Ihr Hund nicht nach einiger Zeit im Zug unruhig wird. Längere Aufenthalte sind für kleine Pinkelpausen nützlich. Nehmen Sie für den Notfall ein Kottütchen mit. Lassen Sie Ihren Buldog nie auf dem Bahnsteig frei laufen: Durch das dortige Treiben könnte er leicht in Panik geraten und entwischen. In der Bahn ist ebenfalls Leinenzwang angesagt. Hunde in der Größe einer Englischen Bulldogge, die auch noch in einer Transporttasche oder -box Platz haben, fahren kostenlos. Weitere Infos finden Sie im Internet unter **www.bahn.de**.

In Österreich und der Schweiz gelten für die Beförderung von Hunden ähnliche Bestimmungen wie in Deutschland. Nähere Informationen erhalten Sie bei der Österreichischen Bundesbahn (ÖBB) unter **www.oebb.at** bzw. der Schweizer Bundesbahn (SBB) unter **www.sbb.ch**

Unterwegs in Bus und Taxi

In vielen Städten gibt es spezielle Tiertaxis. Aber auch in normalen Taxis dürfen Hunde mitfahren. Erwähnen Sie aber bereits bei der Bestellung, dass Sie ein Vierbeiner begleitet. Busfahren ist in manchen Städten für Hunde

Weitere interessante Hinweise zum Thema „Urlaub mit Hund" finden Sie unter:
www.ferien-mit-hund.de

Freizeitpartner Hund

Hunde von der Größe eine Englischen Bulldogge müssen im Flugzeug in einer Transportbox im Gepäckraum transportiert werden.

Erkundigen Sie sich vor einer Schiffsreise, ob die Mitnahme Ihrer Englischen Bulldogge überhaupt erlaubt ist.

kostenlos, in anderen gilt der halbe Fahrpreis. Fragen Sie entweder gleich vor Ort den Fahrer oder erkundigen Sie sich vorab beim örtlichen Fremdenverkehrsbüro.

„Eine Seefahrt, die ist lustig ..."
Fährüberfahrten mit einer Dauer von ein bis drei Stunden stellen für Hundebesitzer meist kein Problem dar, weil der Vierbeiner in der Regel mit an Deck darf. Allerdings kann dies auch von Land zu Land verschieden sein, erkundigen Sie sich also lieber vorab bei Ihrem Reiseveranstalter. Bei längeren Strecken sind Hunde häufig wegen fehlender Unterbringungsmöglichkeiten nicht zugelassen. Manche Fähren bieten inzwischen schon spezielle Hundekabinen an. Grundsätzlich gilt auf Schiffen Leinenzwang, manchmal sogar Maulkorbpflicht. Vergessen Sie nicht Ihre Hundegrundausstattung wie Napf, Wasser, eventuell etwas Futter, eine Decke sowie den Impfpass und je nach Einreiseformalität ein Gesundheitszeugnis. Kreuzfahrten sind für Hunde tabu. Einzige Ausnahme: die „Queen Elisabeth II", sie hat ein eigenes Hundedeck.

Flugreisen mit Hund
Kleine Hunde bis zu einem Gewicht von 5 kg dürfen bei den meisten Fluggesellschaften im Passagierraum mitfliegen. Informieren Sie sich aber unbedingt vor der Flugbuchung über die genauen Mitnahmebedingungen. Auch

> **Die Hunde-Reiseapotheke**
>
> + Eventuell benötigte Dauermedikamente
> + Mittel gegen Durchfall, Reisekrankheit
> + Wundspray/Desinfektionsmittel
> + Augen- und Ohrentropfen
> + Floh- und Zeckenmittel
> + Zeckenzange/Schere
> + Fieberthermometer
> + Gaze, Verbandsmaterial
> + Pfotenschutzschuh
> + Rescue-Tropfen von Bach
>
>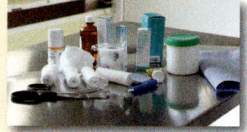

> **Internet-Tipp**
>
> Unter **www.partner-hund.de** finden Sie die verschiedensten Einreisebestimmungen für Reisen mit Hund ins Ausland; auch etliche Gesetze, die im Reiseland gelten, sind aufgeführt sowie diverse Inlandsbestimmungen, hundefreundliche Ferienquartiere, Reiseangebote, Checklisten, Zubehör und Bezugsquellen.

Urlaub

Blinden- und Behindertenbegleithunde können unabhängig von ihrer Größe bei ihrem Führer bleiben. Vierbeiner von der Größe und dem Gewicht einer ausgewachsenen Englischen Bulldogge müssen in einer Transportbox im Gepäckraum untergebracht werden. Sprechen Sie vor einem Flug mit Ihrem Tierarzt und lassen Sie sich auf jeden Fall ein Beruhigungsmittel für Ihren Vierbeiner mitgeben, denn eine Flugreise bedeutet großen Stress für den Hund. Weitere Informationen zum Thema bekommen Sie unter **www.flughund.de**.

Der Hundekoffer für die Pflegestelle

- ✓ Leine und Halsband bzw. Geschirr
- ✓ Adressen-Schild fürs Halsband mit Adresse des Sitters und der Aufenthaltszeit sowie der Heimatadresse
- ✓ Wenn nötig: Maulkorb bzw. Maulschlinge
- ✓ Eventuell Transportbox/Hundegurt fürs Auto
- ✓ Spielzeug
- ✓ Futter- und Wassernapf
- ✓ Futter, Leckerli und Kauknochen
- ✓ Eventuell nötige Medikamente
- ✓ Bürste und/oder Kamm
- ✓ Kottütchen
- ✓ Zeckenzange
- ✓ Heimtierausweis
- ✓ Versicherungsnummer und Anschrift der Haftpflichtversicherung
- ✓ Ihre Urlaubsanschrift bzw. Handynummer für Notfälle
- ✓ Telefonnummer Ihres Tierarztes
- ✓ Liste mit Vorlieben, Abneigungen und Eigenheiten Ihres Hundes
- ✓ Körbchen, Decke und Handtücher

Die Englische Bulldogge in der Pflegestelle

Haben Sie ein besonders weit entferntes oder heißes bzw. kaltes Urlaubsziel im Auge, ist es besser auf die Mitnahme Ihrer Bulldogge zu verzichten und sie während Ihrer Abwesenheit zu Hause optimal unterzubringen. Auch diese Ferienvariante bedarf einer guten Vorbereitung. Zunächst muss ein zuverlässiger, lieber Hundesitter oder eine kompetente Tierpension gefunden werden. Im Idealfall kann Ihr Bulldog bei Verwandten oder Freunden bleiben.

Oftmals nimmt der Züchter seinen ehemaligen Nachwuchs gern in Pflege. Vielleicht kennt er aber auch jemanden, bei dem Ihr haariger Begleiter während Ihres Urlaubs gut aufgehoben ist. Professionelle Hundepensionen finden Sie über das Internet, das Branchenverzeichnis, Ihren Tierarzt, Tierschutzvereine, Zoofachgeschäfte, Hundevereine, den Kleinanzeigenteil Ihrer Tageszeitung oder Tierzeitschriften. Auch andere Hundebesitzer, die ihren Vierbeiner ebenfalls schon

Am Verhalten Ihres Vierbeiners merken Sie schnell, ob er sich in der Pflegestelle wohl fühlt und ob er zu seinen Ersatzeltern Vertrauen hat.

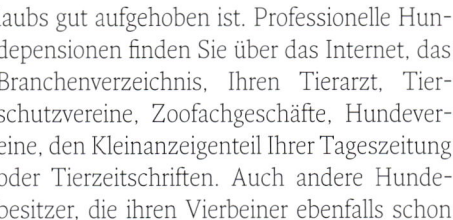

Freizeitpartner Hund

Bringen Sie Ihren Bulldog am besten schon zwei bis drei Tage vor Ihrer Reise in die Urlaubspflegestelle, damit eventuell auftretende Schwierigkeiten noch vor Ihrer Abfahrt geklärt werden können.

Auch in der Pflegestelle kümmern sich die Ersatzeltern liebevoll um Ihren Bulldog, spannende Spaziergänge eingeschlossen.

in einer Pension untergebracht haben, können Ihnen entsprechende Tipps geben. Sogar Tierheime nehmen vorübergehende Pfleglinge auf. Die Bezahlung ist hier für einen guten Zweck, denn das Geld kommt gleichzeitig dem Tierschutz zu gute. Lassen Sie sich unbedingt viel Zeit für die Auswahl eines geeigneten Pflegeplatzes. Sehen Sie sich vor Ort genau um, sprechen Sie ausführlich mit der zuständigen Person und vereinbaren Sie vorab am besten mehrere Treffen, damit sich Ihr Bulldog und der vorübergehende Betreuer schon etwas kennenlernen. Beobachten Sie das Verhalten Ihres Vierbeiners genau: Schnell merken Sie, ob er sich in der neuen Umgebung wohl fühlt und ob er Vertrauen zu seinem möglichen Pfleger hat. Nehmen Sie Abstand von Hundepensionen, die nur auf Ihr Geld, nicht aber auf das Wohl Ihres Hundes aus sind. Zahlen Sie andererseits lieber mehr, wenn Ihnen der Pflegeplatz optimal erscheint. Haben Sie einen vertrauenswürdigen Hundesitter gefunden, schließen Sie mit ihm einen Vertrag ab. Sprechen Sie eventuelle Vorlieben, Abneigungen und Eigenheiten Ihrer Bulldogge an. Informieren Sie ihn außerdem über die gewohnten Fütterungs- und Gassigehzeiten. Gehorcht Ihr Vierbeiner nicht absolut zuverlässig, bitten Sie den Pfleger, Ihren Hund beim Spaziergang nicht abzuleinen. Halten Sie alle wichtigen Informationen für den Sitter am besten schriftlich fest. Damit eventuelle Schwierigkeiten noch vor Ihrer Abfahrt geklärt werden können, bringen Sie Ihren Bulldog am besten schon zwei bis drei Tage vor Ihrer Reise in die Betreuungsstelle.

Gesundheit

Vorsorge

Vorsorgende Maßnahmen können mit zu einem langen und gesunden Hundeleben beitragen.

Eine Hausapotheke für Notfälle darf in keinem Hundehaushalt fehlen.

Neben einer optimalen Pflege, Ernährung und Auslastung gibt es weitere vorsorgende Maßnahmen, die zu einem langen, gesunden Hundeleben beitragen. Hierzu gehören natürlich regelmäßige Entwurmungen und Impfungen (siehe Kasten Seite 105). Außerdem ist ein hygienisches Umfeld wichtig: Achten Sie stets auf einen sauberen Futterplatz und gereinigte Näpfe. Waschen Sie auch das Hundebett öfters in der Maschine, damit Parasiten wie Milben oder Flöhe keine Überlebenschance haben. Suchen Sie Ihre Englische Bulldogge zudem von Frühjahr bis Herbst täglich nach Zecken ab, denn diese könnten Ihren Hund mit Borreliose infizieren. Vor starkem Befall schützen spezielle Präparate vom Tierarzt, er berät Sie hierzu gerne.
Eine bewährte Prophylaxe gegen Krankheitsanfälligkeit ist viel Bewegung an der frischen Luft bei jedem Wetter, denn auf diese Weise härten Sie Ihren Vierbeiner ab.
Manchen gesundheitlichen Schwachstellen Ihres Hundes können Sie gut mit Alternativmedizin begegnen und dadurch Erkrankungen vorbeugen. Hier leistet beispielsweise die Homöopathie hervorragende Dienste. So unterstützt Echinacea wirkungsvoll ein geschwächtes Immunsystem. Das Anfangsmittel bei einer beginnenden Erkältung ist Aconitum. Gelsemium oder Euphorbium können bei bereits bestehendem Schnupfen und Bel-

Auch ein hundesicheres Zuhause gehört zu einer umfassenden Gesundheitsvorsorge. So ist der beste Schutz vor Unfällen die Vermeidung gefährlicher Situationen.

Vorsorge

Entwurmung

Entwurmen Sie Ihre Bulldogge viermal im Jahr, um ihn vor Darmparasiten wie Band-, Rund-, Haken- und Peitschenwürmern zu schützen, mit denen er sich überall in freier Natur durch tote Wildtiere oder deren Kot infizieren kann. Auch Flöhe können Bandwürmer übertragen. Denken Sie also auch bei einem Flohbefall an eine Entwurmung. Möchten Sie die Wurmkur, die nicht jeder Vierbeiner wirklich gut verträgt, nicht routinemäßig durchführen, lassen Sie wenigstens alle drei Monate eine Kotprobe Ihres Hundes von Ihrem Tierarzt auf Würmer untersuchen. Nur so können Sie im Falle einer Infektion schnell handeln, schließlich ist eine Übertragung auf den Menschen ebenfalls möglich.

Impfungen

Um Ihren Vierbeiner vor einigen sehr gefährlichen Infektionskrankheiten zu schützen, sind Impfungen wichtig. Zwar kann auch ein geimpfter Hund noch an den diversen Erregern erkranken, der Krankheitsverlauf selbst ist dann aber nur leicht, schließlich hatte das Immunsystem durch die Impfung vorab schon die Möglichkeit, sich durch die Bildung von entsprechenden Antikörpern auf die Erregerbekämpfung vorzubereiten.

Folgendes Impfschema ist angeraten:
6. bis 8. Woche *Parvovirose und Staupe*
8. Woche *Hepatitis c.c., Leptospirose und Zwingerhusten*
10. bis 12. Woche *Auffrischung Parvovirose und Staupe*
12. Woche *Auffrischung Hepatitis c.c., Leptosirose und Zwingerhusten*
ab 12. Woche *Tollwut*
Das vom VDH und Tierärzten empfohlene Impfschema empfiehlt **mit 16 Wochen eine weitere Impfung:** *Parvovirose, Staupe, Hepatitis, Leptospirose, Zwingerhusten, Tollwut*
alle ein bis drei Jahre eine Auffrischungsimpfung *Parvovirose, Staupe, Hepatitis c.c., Leptospirose, Zwingerhusten, Tollwut*

---

ladonna bei Husten helfen. Zur Verbesserung des Allgemeinbefindens wird China verabreicht. Weitere wirksame Rezepte hält die Kräutermedizin parat. So tun Salbei-Tee und -Honig Ihrem Hund bei Husten gut. Auch Löwenzahn- und Spitzwegerich-Honig sind empfehlenswert. Geben Sie in der Akutphase mehrmals täglich einen Teelöffel. Anfällige, alte oder geschwächte Tiere bekommen durch Zufütterung von Vitamin-C-reichem Hagebutten- oder Holunderbeerenmus neuen Schwung. Zur allgemeinen Stärkung ist Rosmarin sehr gut geeignet. Brennnessel und Löwenzahn kurbeln den Stoffwechsel an und sorgen auf diese Weise für eine bessere Fitness.
Reiben Sie rissige Ballen mit Kamillen- oder Ringelblumensalbe ein, damit sie sich nicht entzünden. Ebenso bewährt haben sich Johanniskraut- und Lavendelöl.
Behandeln Sie eine durch Schneefressen verursachte Magenreizung mit Kamillen-Tee; er wirkt entzündungshemmend und beruhigt die

Physiologische Daten einer Englischen Bulldogge

Körpertemperatur 38 bis 39 °C (bei Welpen bis zu 39,3 °C)

Atemfrequenz 30 bis 50 Züge pro Minute

Pulsfrequenz 90 bis 120 pro Minute

Schleimhaut: rosa, feucht, glatt und glänzend, ohne Auflagerungen

Bei Stress und/oder körperlicher Belastung steigen diese Werte an

Gesundheit

Bewegung an der frischen Luft bei jedem Wetter ist eine bewährte Prophylaxe gegen Krankheitsanfälligkeit.

Die Kräutermedizin hält viele krankheitsvorbeugende Rezepte parat.

Hausapotheke für Ihre Englische Bulldogge

+ Eventuell nötige Dauermedikamente
+ Mittel gegen Durchfall
+ Wundspray
+ Desinfektionsmittel
+ Augen- und Ohrentropfen
+ Flohschutzmittel
+ Zeckenschutzmittel
+ Zeckenzange
+ Wurmkur
+ Schere
+ Fieberthermometer
+ Gaze, Verbandsmaterial
+ Pfotenschutzschuh
+ Vaseline gegen rissige Ballen
+ Eventuell Maulkorb
+ Rescue-Tropfen von Bach

Schleimhaut. Legen Sie bei Bauchschmerzen warme, entspannende Kamillen-Umschläge auf den Hundebauch.
Natürlich gehört auch ein hundesicheres Zuhause zu einer umfassenden Gesundheitsvorsorge. So ist der beste Schutz vor Unfällen die Vermeidung gefährlicher Situationen. Was Sie dabei in Ihrer Wohnung und Ihrem Garten alles beachten müssen, lesen Sie im Kapitel „Welpensicheres Zuhause". Wenn Ihr Bulldog nicht zuverlässig folgt, leinen Sie ihn in unsicherem Gelände nie ab: zu schnell kommt es zu einer Katastrophe. Ein wirkungsvoller Schutz vor Vergiftungen ist, Ihrem Hund schon frühzeitig beizubringen, nur auf Befehl hin zu fressen. So nimmt er auch unterwegs nichts Unerlaubtes und eventuell Gefährliches auf.

Bekannte Krankheitsbilder

Eine Englische Bulldogge ist eine echte Kämpfernatur – Krankheiten merkt man ihnen oft erst spät an.

Bullys sind, was Krankheiten betrifft, nicht wehleidig und hart im Nehmen. Häufig leiden sie still, ehe sie sich ein Unwohlsein, das dann auch schon recht ausgeprägt sein kann, anmerken lassen. Beobachten Sie Ihren Bulldog daher gut und reagieren Sie bereits bei den ersten Anzeichen einer Erkrankung, denn je früher Sie eine Krankheit erkennen, umso besser. Suchen Sie rechtzeitig einen Tierarzt auf, hat Ihr Vierbeiner die besten Heilungschancen. Nachfolgend stellen wir einige bekannte Krankheitsbilder vor.

Nickhautdrüsenvorfall (Kirschauge/Cherry Eye)

Im Zusammenhang mit einer Bindehautentzündung oder durch eine Bindegewebsschwäche kommt es bei jungen Bullys zu einem Nickhautdrüsenvorfall. Dabei sieht man im inneren Augenwinkel die vorgefallene Drüse, die sich leicht zurückdrücken lässt. Passiert dies nicht, kommt es zu einem Blutstau in der Drüse, wodurch diese anschwillt und dann meist chirurgisch entfernt werden muss.

Entropium

Darunter versteht man das Einrollen des freien Lidrandes nach innen. Meist ist das Unterlid betroffen. Das Einwärtsrollen der Lidränder hat ein ständiges Reiben der Fellhaare auf dem Auge zur Folge; dies führt zu chronisch tränenden Augen, Zukneifen und Blinzeln auf-

Sehen Sie Ihrer Bulldogge immer mal wieder genau in die Augen – so erkennen Sie Probleme früh.

Gesundheit

Die Augen der Englischen Bulldogge können eine Schwachstelle sein, deshalb bedürfen sie besonderer Aufmerksamkeit.

grund der Schmerzhaftigkeit sowie zu Binde- und Hornhautentzündungen. Häufig entsteht durch die starke Reizung ein Loch in der Hornhaut. Die Behandlung eines Entropium erfolgt operativ. Unbehandelt kann diese Erkrankung sogar zum Verlust des Auges führen.

Ektropium

Bei einem Ektropium rollt sich das Lid nach außen. Es entsteht ein sogenanntes Hängelid. Da ein Ektropium den Abfluss der Tränenflüssigkeit nicht gewährleistet und die Lider ihre Schutzfunktion für das Auge nicht wahrnehmen können, hat diese Erkrankung häufig eine chronische Binde- oder Hornhautentzündung zur Folge. Das Ektropium kann ebenfalls operativ korrigiert werden.

Atemprobleme

Englische Bulldoggen mit sehr kurz gezüchtetem Fang können unter Atemproblemen leiden. Häufig vertragen solche Hunde auch Narkosen schlecht. Sprechen Sie dieses Problem vor einem notwendigen operativen Eingriff unbedingt bei ihrem Tierarzt an. Außerdem neigt der Bulldog wie andere kurznasige Rassen auch zu einer Verlängerung des weichen Gaumens. Das Gaumensegel behindert, wenn der Hund hechelt, den Kehlkopf, sodass keine Luft mehr in die Lunge gelangt. Gleiches gilt für die „Wulstzunge", hierbei hechelt die Bulldogge mit aufgerollter Zunge im Maul: die Zunge fungiert nicht als Kühlaggregat und behindert zudem den Luftstrom. Der Bulldog gerät somit in Atemnot; Hunde mit dieser Problematik sind besonders hitzeempfindlich und vertragen schlecht größere Anstrengungen. Ein mehr oder weniger stark ausgeprägtes Schnarchen oder Röcheln ist ebenfalls auf die anatomischen Gegebenheiten im Nasen- und Kehlkopfbereich des Bulldogs zurückzuführen, muss den Hund aber nicht zwangsläufig bei der Atmung behindern.

Hitzschlag

Bei sehr hohen Außentemperaturen kann die Körperinnentemperatur eines Hundes schnell so hoch ansteigen, dass es zu einem Kreislaufzusammenbruch kommt: Der Vierbeiner ist nur sehr bedingt in der Lage, hohe Temperaturen durch Wärmeabgabe mittels Hecheln und durch Verdunstungskälte mittels Schwit-

---

Beachten Sie außerdem …
Halten Sie die Gesichtsfalten Ihrer Bulldogge sauber und trocken, sonst drohen leicht Entzündungen.

Bekannte Krankheitsbilder

zen auszugleichen, denn er verfügt nur an der Ballen über Schweißdrüsen. Das starke Hecheln vor dem Zusammenbruch führt zusätzlich zu einer Sauerstoffübersättigung im Blut, die auch eine Bewusstlosigkeit zur Folge haben kann. Bei kurznasigen Rassen wie der Englischen Bulldogge entsteht häufig ein Reiz-Ödem des Kehlkopfes, das unter Umständen sogar zum Ersticken führt. Daher ist bei den ersten Anzeichen eines Hitzschlages schnelles Handeln angesagt: Führen Sie so viel frische Luft wie möglich zu, befeuchten Sie Maul und Rachen mit nicht zu kaltem Wasser, in das Sie einige Spritzer Zitronensaft gegeben haben. Lassen Sie den Hund danach etwas von diesem Wasser trinken und bieten Sie, nachdem sich die Atmung etwas beruhigt hat, frisches (am besten nicht zu kaltes) Wasser (immer nur in kleinen Mengen!) an. Kühler Sie Ihren Bulldog vor allem im Kopf-Nackenbereich mit feucht-kalten Umschlägen. Auch ein in ein Handtuch eingewickeltes Kühlakku im Nackenbereich, Innenschenkel und unter der Brust schafft Linderung. Geben

Notfall-Set

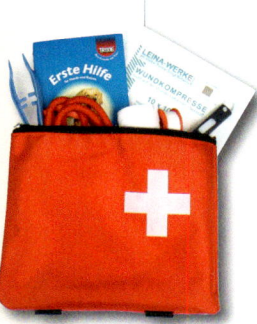

- Elastische Mullbinden
- Sterile Gaze
- Selbstklebende Verbände
- Watte
- Pflasterrolle
- Verbandsschere
- Wunddesinfektionsmittel
- Antiseptisches Puder
- Brand- und Antihistamin-Salbe
- Heparin-Salbe
- Digitales Fieberthermometer
- Taschenlampe
- Brandwundentuch
- Decke
- Eventuell Maulkorb bzw. Maulschlinge
- Ersatzleine
- Einmalhandschuhe
- Bach Rescue-Tropfen

Sie dem Hund zusätzlich einige Bach-Rescue-Tropfen.

Um einem Hitzschlag vorzubeugen, verlegen Sie im Sommer Aktivitäten mit Ihrer Bulldogge lieber in die kühlen Morgen- und Abendstunden, zumal die Englische Bulldogge generell ein eher empfindliches Herz-Kreislauf-System hat.

Ein feuchtes Handtuch im Kopf-Nackenbereich kann einem stark erhitzen Bulldog erleichternde Kühlung verschaffen.

Alternative Heilmethoden

In der Naturheilkunde werden die Hunde ganzheitlich behandelt.

Alternative Heilmethoden sind auch im tiertherapeutischen Sektor zunehmend im Kommen. Bei rmanchen Krankheiten, kann eine schulmedizinische Behandlung häufig völlig durch alternative Verfahren ersetzt werden. Meist dauert solch eine Therapie zwar länger, andererseits ist sie jedoch deutlich nebenwirkungsärmer. Bei chronischen Erkrankungen hat sich der Einsatz alternativer Heilmethoden ebenfalls bewährt. In schweren Krankheitsfällen können natürliche Verfahren mit der Schulmedizin kombiniert werden und so zusätzliche Linderung verschaffen.

Im Folgenden stellen wir Ihnen einige bewährte Heilmethoden vor.

Homöopathie

Die Homöopathie, die von dem Arzt Samuel Hahnemann (1755–1843) begründet wurde, betrachtet den Menschen bzw. das Tier als Ganzes. Hier spielt nicht nur das akute körperliche Symptom eine Rolle, sondern die gesamte Persönlichkeit des Tieres mit all ihren körperlichen und seelischen Eigenheiten. Um das passende Mittel zu finden, sind also neben dem Leitsymptom auch der Wesenstyp, die Entstehung der Krankheit, der augenblickliche Zustand und weitere Besonderheiten des Patienten zu beachten. Dabei gilt der Grundsatz: Ähnliches ist mit Ähnlichem zu heilen. Homöopathika stammen überwiegend aus dem Pflanzenreich; man verwendet aber auch Mineralien, Stoffe aus dem Tierreich, Metalle und Nosoden. Mithilfe von Wasser, Alkohol oder Milchzucker entstehen aus den natürlichen Stoffen Ursubstanzen. Diese Ursubstanzen werden nach den Angaben Hahnemanns durch entsprechende Verdünnungen zu Dezimalpotenzen (z.B. D-, C-, LM-Potenzen) verarbeitet, die der Therapeut schließlich je nach Schweregrad der Erkrankung zur Behandlung einsetzt. Homöopathische Arzneimittel gibt es als Tropfen, Tabletten, Globuli (Streukügelchen) oder Injektionslösungen. Neben den reinen Substanzen sind auch etliche homöopathische Mischpräparate erhältlich.

Phytotherapie

Unter Phytotherapie oder Pflanzenheilkunde versteht man die Lehre der Verwendung von Heilpflanzen als Medikament. Sie gehört zu den ältesten medizinischen Therapien und ist auf der ganzen Welt in allen Kulturen verbreitet. Zum Einsatz kommen dabei ganze Pflanzen und deren Teile (Blüten, Blätter, Wurzel), die auf verschiedene Weise (z.B. als Frischkraut, Aufguss, Auskochung, Kaltwasserauszug und Pulverisierung) zu einem Medikament verarbeitet werden. Meist verwendet der Phytotherapeut Stoffgemische, die sich bereits als gut wirksam bewährt haben. Auch die Homöopathie nutzt auf pflanzlicher Ebene die Erkenntnisse der Phytotherapie.

Akupunktur

Die Akupunktur ist ein Teilgebiet der Traditionellen Chinesischen Medizin (TCM). Man geht hier von über 300 Akupunkturpunkten aus, die auf verschiedenen Meridianen (= Energiebahnen) des Körpers angeordnet sind. Durch das Einstechen von speziellen Akupunkturnadeln erwärmen sich die gestochenen Punkte und bringen das Qi (= Lebensenergie)

Hunde sprechen auf den Einsatz von Heilpflanzen ausgesprochen gut an.

wieder in einen intakten Fluss. Die Akupunktur gehört zu den Umsteuerungs- und Regulationstherapien. Eine Sitzung dauert ca. 20 bis 30 Minuten. Der Patient wird dabei ruhig und entspannt gelagert. Eine komplette Therapie umfasst in der Regel 10 bis 15 Sitzungen. Die Akupunktur hat sich vor allem bei Schmerzpatienten bewährt. Für Hunde mit HD oder anderen Gelenkproblemen ist dies oft die letzte Chance, schmerzfrei zu werden. Eine Spezialform der Akupunktur ist die Goldakupunktur: dabei werden kleine Goldkügelchen minimalinvasiv unter Narkose in bestimmte Akupunkturpunkte eingesetzt. Diese Goldkugeln bewirken eine Dauerakupunktur; die Schmerzleitung wird dadurch gehemmt und das Tier läuft somit wieder beschwerdefrei. Der Eingriff ist einmalig und wirkt in der Regel ein Leben lang. Die Goldakupunktur führt nicht jeder Tierarzt durch. Voraussetzung ist eine Ausbildung sowie langjährige Erfahrung in Akupunktur, ganzheitlicher Orthopädie und Chirurgie. Tierärzte mit der Zusatzbezeichnung „Akupunktur" sind bei den einzelnen Landestierärztekammern zu erfahren.

Gesundheit

Die Einsatz von Akupunktur hat sich gerade bei älteren Hunden mit Gelenkproblemen sehr bewährt.

Osteopathie

Die Osteopathie ist eine sanfte Methode, mit deren Hilfe die Selbstheilungskräfte des Körpers neu aktiviert werden. Auch der Osteotherapeut arbeitet ganzheitlich. Nach einem ausführlichen Gespräch über den Patienten und dessen Beschwerden erspürt er mit seinen Händen Körperblockaden, die er anschließend durch bestimmte Berührungstechniken auflöst (meist sind mehrere Anwendungen nötig).

Auf diese Weise kommt das Körpergewebe wieder ins Gleichgewicht und alle Körperflüssigkeiten zurück in ihren natürlichen Fluss.

Osteopathie wird vor allem bei Schmerzpatienten erfolgreich angewendet, wobei der Schmerz meist nur ein Symptom einer tiefer liegenden Erkrankung bzw. Blockade ist. Immer mehr Tierphysiotherapeuten bieten zusätzlich zu ihrem herkömmlichen Leistungsspektrum Osteopathie an.

Neben der Akupunktur wird auch die Osteopathie sehr erfolgreich bei der Behandlung von Schmerzpatienten eingesetzt.

Die ältere Englische Bulldogge
Was ändert sich im Alter?

Möchte Ihr bellender Rentner noch mit Ihnen spielen, machen Sie ihm die Freude und gehen Sie auf seine Aufforderung ein. So fühlt er sich wichtig und dazugehörig.

Auch mit einem Hundesenior sind gemeinsame Ausflüge möglich. Tragen Sie aber seinem geringeren Bewegungsbedürfnis Rechnung.

Eine Englische Bulldogge altert zwischen dem 7. und 8. Lebensjahr. Dies macht sich nicht nur durch äußere Anzeichen wie dem zunehmenden Grauwerden um Schnauze und Augen bemerkbar, sondern auch durch bestimmte Wesensveränderungen und Alterswehwehchen. Ihr Bulldog wird nun gelassener und ruhiger. Er hat ein höheres Schlafbedürfnis als früher, sein Bewegungsdrang nimmt allmählich ab. Oftmals reagieren ältere Vierbeiner weniger flexibel auf Veränderungen. Ebenfalls häufig zu erkennen ist eine verstärkte Anhänglichkeit, nächtliche Unruhe und ein geringeres Interesse an Artgenossen. Manche Hunde zeigen sich sogar schrullig und legen plötzlich bestimmte Marotten an den Tag, die sie vorher nicht hatten. Ursache hierfür können Verkalkungen im Gehirn sein, die eine Senilität bewirken. Jetzt ist mehr denn je Ihr Humor und Ihre Lockerheit gefragt.

Zwar sollten Sie selbst mit einem alten Vierbeiner konsequent sein, trotzdem darf hier und da ein Augenzwinkern nicht fehlen.

Auch die Leistung der Sinnesorgane lässt allmählich nach: Ihre Bulldogge hört, sieht und riecht nun schlechter als früher. Viele Hunde zeigen außerdem eine erhöhte Neigung zu Übergewicht. Um den gefährlichen Folgen des Dickwerdens wie Gelenkschäden oder Herz-Kreislauf-Störungen vorzubeugen, ist eine altersangepasste Ernährung nötig.

Trotz aller Veränderungen ist es wichtig, dass Sie Ihren vierbeinigen Senior nicht als alt, senil und „unbrauchbar" abstempeln.

Der richtige Umgang

Wer rastet, der rostet

Ihre Englische Bulldogge altert schneller, wenn sie sich abgeschoben fühlt und nicht mehr altersangemessen gefordert wird. „Wer rastet, der rostet" gilt also auch für alte Hunde, daher

Spielen hält fit

Möchte Ihr bellender Rentner noch mit Ihnen spielen, machen Sie ihm die Freude und gehen Sie auf seine Aufforderung ein. So fühlt er sich wichtig und dazugehörig. Respektieren Sie allerdings die Tatsache, dass ältere Hunde schneller die Lust am Spielen verlieren als Jungspunde. An manchen Tagen ist Ihr betagter Freund vielleicht überhaupt nicht zum Spielen aufgelegt. Möchte Ihr Senior von heute auf morgen nicht mehr spielen, lassen Sie ihn vom Tierarzt untersuchen, denn eventuell verdirbt ihm ein akutes gesundheitliches Problem den Spaß.

ist körperliche Aktivität besonders wichtig. Sie bringt nicht nur den Kreislauf in Schwung, auch Muskeln und Gelenke bleiben beweglich. Ebenso wird die Durchblutung aller Organe angeregt und eine optimale Sauerstoffversorgung gewährleistet. Der zusätzliche Abbau von Stresshormonen führt zu ausgeglichener Zufriedenheit. Art und Umfang der Bewegung sollten Sie nach den individuellen Bedürfnissen, der Fitness und der allgemeinen, bis dahin erworbenen Kondition Ihres Bulldogs ausrichten. Gehen Sie sensibel auf den Aktivitätsdrang Ihres Vierbeiners ein, beobachten Sie ihn gut und überfordern Sie ihn nicht. Ein Spaziergang, auf dem Ihr haariger Senior über sein Tempo und eventuelle Toberunden selber bestimmen darf, ist besser als eine zu schnelle Walkingrunde, bei der Ihr alter Freund nur mühsam Schritt halten kann. War Ihr Rentnerhund

Beim Gassigehen sollten Sie Ihren Vierbeiner das Tempo bestimmen lassen.

sein Leben lang ein begeisterter Sportler, hat er bei entsprechender körperlicher Verfassung auch noch im Alter Spaß daran, einen Parcours mit einfachen Hindernissen zu überqueren. Untrainierte Vierbeiner sollten Sie jedoch nicht von heute auf morgen anstrengenden, ungewohnten Aktivitäten aussetzen.

Bei Spaziergängen ist Regelmäßigkeit und Gleichmäßigkeit sehr wichtig; das heißt: gehen Sie mit einer alten Bulldogge lieber mehrmals täglich kurz spazieren, als einmal am Tag ganz lang. Behalten Sie diese Kontinuität auch am Wochenende und im Urlaub bei, damit der Grad der Belastung einheitlich bleibt. Achten Sie außerdem darauf, dass Ihr Senior vor einer Übungseinheit auf dem Hundeplatz oder einer Toberunde mit Artgenossen genügend aufgewärmt ist. Ein unvorbereiteter Kaltstart belastet Herz, Kreislauf, Muskeln, Bänder und Gelenke zu stark. Führen Sie Ihren Bulldog lieber erst in gleichmäßigem Schritttempo an der Leine spazieren, ehe er sich richtig auspowern darf. Im Anschluss an eine sportliche Betätigung sollte Ihr Senior ebenfalls in ruhigem Tempo wieder abkühlen können.

Regelmäßige Bewegung ist wichtig

Damit Gelenke, Muskeln und Bänder nicht überbelastet werden, ist eine gleichbleibende Bewegungsabfolge empfehlenswerter als bei-

Ein kleines Päuschen und ein wenig Kuscheln tut gut. Dann kann es weitergehen.

Beim Gassigehen sollten Sie Ihren älteren Vierbeiner das Tempo bestimmen lassen – er weiß am besten, welches Tempo für ihn geeignet ist.

spielsweise ein wildes Ballspiel, bei dem der Hund abrupt starten und wieder abbremsen muss.

Hohe, schwüle Sommertemperaturen sind vor allem für alte Bulldoggen extrem Kreislauf belastend, denn die Rasse ist ohnehin schon sehr hitzeempfindlich. Verlegen Sie Spaziergänge und sportliche Aktivitäten mit Ihrem vierbeinigen Rentner an solchen Tagen also lieber auf die kühlen Morgen- und Abendstunden.

Ein toller Sommersport für alte Hunde ist Schwimmen. Der dabei ausgeführte gleichmäßige Bewegungsablauf schont den Kreislauf und die Gelenke. Hier kann Ihre Englische Bulldogge auch ihr Tempo und das Maß der Bewegung gut selbst bestimmen. Nichtschwimmer plantschen vielleicht lieber à la Kneipp. Nutzen Sie in der warmen Jahreszeit also jeden Bach oder Teich, an dem sie vorbeikommen.

Lassen Sie Ihren Hund dabei aber nie unbeaufsichtigt und halten Sie ihn am besten an Geschirr und Schleppleine. Rubbeln Sie einen empfindlichen Vierbeiner an kühlen Tagen jedoch unbedingt gut trocken, denn Nässe und Wind führen schnell zu einer gefährlichen Lungenentzündung oder einem schmerzhaften Rheumaschub. Für die kalten Wintermonate stehen vereinzelt Hundeschwimmbäder zur Verfügung; diese sind in der Regel einer Praxis für Tierphysiotherapie angeschlossen.

Hat Ihr Vierbeiner bereits körperliche Beschwerden, bedeutet dies nicht automatisch ein generelles Bewegungsverbot. Bei etlichen chronischen Erkrankungen trägt ein individuell abgestimmtes Mobilitätsprogramm oft sogar zur Besserung bei. In der Akutphase kann allerdings vorübergehende Ruhe nötig sein. In einem solchen Fall sprechen Sie sich am besten mit Ihrem Tierarzt. Er klärt Sie je nach Art und Schwere des Leidens Ihres Bulldogs darüber auf, welche Bewegungen erlaubt und welche verboten sind. Eine gezielte Physiotherapie mit Unterwasserlaufband, Massage und speziellen Übungen hilft bei Krankheiten des Bewegungsapparates.

Gezielte Physiotherapie kann bei Krankheiten des Bewegungsapparates helfen, beispielsweise auf einem Unterwasserlaufband.

Was ändert sich im Alter?

Allroundhelfer „Spaziergang"

Regelmäßiges Spazierengehen ist für alte Hunde toll und sehr wichtig. Der Vierbeiner kann hier sein Tempo selbst bestimmen. Die Bewegungsabläufe sind in der Regel gleichmäßig. Außerdem hält ein Gang an der frischen Luft viele Sinneseindrücke parat: Ihr Senior hat Kontakt zu Artgenossen und zu anderen Menschen. Zudem nimmt er unterschiedliche Gerüche

wahr („Zeitung lesen"). Und: Die Bewegung draußen bei jedem Wetter stärkt das Immunsystem. Ein Spaziergang wird abwechslungsreicher, wenn Sie unterwegs kleine Spielchen oder Gehorsamkeitsübungen einstreuen. Nehmen Sie es Ihrem Rentner aber nicht krumm, wenn er mal einen schlechteren Tag und somit keine Lust auf Gaudi hat. Stecken Sie zur Belohnung immer die Lieblingsleckerlis Ihres bellenden Freundes ein. Auch die regelmäßige Verabredung mit anderen Hundebesitzern macht die tägliche Bewegung kurzweiliger.

Beschäftigungstipps für Seniorhunde

Viele Hunde spielen noch bis ins hohe Alter, meist zwar nicht mehr mit Artgenossen, dafür aber in kurzen Sequenzen mit Herrchen oder Frauchen. Für ältere Vierbeiner bringt Spielen nicht nur Spaß, sondern es hat sogar einen therapeutischen Nutzen – es bedeutet Ablenkung von kleineren Alterswehwehchen sowie Stärkung des altersmäßig häufig angeknacksten Selbstbewusstseins, denn der Senior steht plötzlich wieder ganz im Mittelpunkt und erhält viel Lob, das zu neuem Stolz verhilft. Viele

Graue Schnauzen fallen durch ein lustiges Spiel sogar regelrecht in einen Jungbrunnen. Und: Hunde, die ihr Leben lang spielerisch gefordert wurden, bleiben generell länger fit und gesund. Das Spiel mit älteren Vierbeinern verlangt natürlich erhöhte Rücksichtnahme auf den aktuellen Gesundheitszustand sowie die bis dahin erworbene Kondition. Leidet ein Hund unter Arthrose, darf er beispielsweise keine Hindernisse überspringen, kann dafür aber noch leichte Gegenstände apportieren oder eine Fährte erschnüffeln. Diverse Zipperlein sind also kein Grund, generell auf Spiel und Spaß zu verzichten. Mit etwas Fantasie, viel Einfühlungsvermögen und Humor findet man genügend Möglichkeiten, auch einen Seniorhund altersangemessen zu fordern.

🐕 *Bieten Sie Ihrem vierbeinigen Rentner Schnüffelspiele an, die seine Sinne und die Konzentrationsfähigkeit fördern. Da die Riechleistung im Alter abnimmt, sind stark duftende „Lockstoffe" wie getrockneter Pansen empfehlenswert, mit dem Sie beispielsweise eine Fährte durch den Garten legen können.*

🐕 *Apportieren steht bei vielen älteren Freaks ebenfalls noch hoch im Kurs. Mit Rücksicht auf den schon abgenützten Bewegungsapparat des Hundes sollten die zu bringenden*

Schnüffelspiele kommen auch bei älteren Hunden noch gut an.

Die ältere Englische Bulldogge

Ein Slalom durch ihre Beine fordert Ihren Hunderentner ebenfalls.

Gegenstände allerdings wenig wiegen. Ansonsten sind Ihrer Fantasie kaum Grenzen gesetzt: ob Zeitung, Hausschuh oder kleiner Schirm, Ihr kleiner Gentleman wird Sie sicherlich nicht enttäuschen.

🐕 *Ein oder zwei hintereinander aufgestellte und mit einem Bettlaken abgedeckte Stühle ergeben einen interessanten Tunnel. Auch ein Umzugskarton eignet sich als „Röhre", die eine ältere Bulldogge gut auf Kommando durchqueren kann.*

🐕 *Ein Slalom ist ebenfalls für Seniorhunde geeignet: er besteht beispielsweise aus in den Boden gesteckten Wander- oder Skistöcken sowie Sonnenschirmständern oder einfachen Ziegelsteinen.*

🐕 *Hat Ihr Vierbeiner im Laufe seines Lebens Kunststückchen gelernt, fragen Sie diese immer wieder ab, denn das hält geistig fit. Hunde, die hier über Jahre*

hinweg trainiert wurden, lernen selbst noch im Alter problemlos neue Tricks. Aber auch für eher ungeübte Rentner ist eine Neueinstudierung leichter Übungen wie Pfotegeben oder Sich-Schlafend-Stellen machbar und sinnvoll, denn durch Kopfarbeit bleiben ergraute Schnauzen deutlich länger jung. Selbst die wiederholte Abfrage des Grundgehorsams ist für alte Hunde eine wichtige Bestätigung.

Das gemeinsame Spielen mit einem Seniorhund bringt nicht nur viel Spaß und neue Lebensfreude, sondern schweißt Sie noch enger zu einem tollen Team zusammen. Nützen Sie die Zeit miteinander so lange es geht!

Pflege und Wellness

Richtig verwöhnen können Sie Ihren vierbeinigen Liebling mit einigen Anwendungen aus dem Wellnessbereich. So wird durch eine entspannende Bürstenmassage beispielsweise nicht nur abgestorbenes Haar herausgekämmt, sondern auch die vermehrte Durchblutung der Haut angeregt. Intensives Streicheln wirkt ebenfalls wie eine angenehme, vitalisierende Massage. Massieren Sie Ihre Bulldogge sanft mit kreisförmigen Bewegungen. Lockernd wirkt ein leichtes Kneten und Rollen von Haut und Muskeln.

Die Aromatherapie kann Hundesenioren zu neuer Energie verhelfen. Sie stärkt den Kreislauf, aktiviert die Abwehrkräfte und fördert die seelische Ausgeglichenheit. Außerdem wird ihr eine besonders erfrischende Wirkung nachgesagt. Geben Sie einige Tropfen der ätherischen Öle entweder in eine Duftlampe, in ein Kräutersäckchen oder direkt auf den Liegeplatz des Hundes, allerdings sehr sparsam dosiert (2–3 Tropfen), damit die feine Hundenase den Geruch nicht als störend empfindet. Für ältere Vierbeiner sind besonders Lavendel, Zitrone,

Was ändert sich im Alter?

Pflege-Tipps für Seniorhunde

- ✓ Bürsten Sie Ihre Englische Bulldogge regelmäßig.
- ✓ Tasten Sie Ihren Senior wöchentlich nach eventuellen Veränderungen ab.

- ✓ Reinigen Sie regelmäßig Augen, Ohren, Scham bzw. Penis.
- ✓ Kontrollieren Sie die Haut auf Veränderungen und eventuelle Liegeschwielen, außerdem die Krallen, die sich bei einem gesunden Bewegungsapparat gleichmäßig abnutzen sollten.
- ✓ Regelmäßige Zahnkontrolle sowie Zähneputzen sind empfehlenswert, denn Prophylaxe schützt wirksam vor vielen Zahnproblemen.
- ✓ Lassen Sie Ihren Hund alle drei bis vier Monate auf Wurmbefall hin untersuchen.
- ✓ Geben Sie Ihrem Vierbeiner einen warmen, weichen und vor Zugluft geschützten Schlafplatz, den Sie hygienisch sauber halten.
- ✓ Rauchen Sie nicht in der Gegenwart Ihres Hundes, denn Passivrauchen beschleunigt den Alterungsprozess.
- ✓ Gehen Sie ein- bis zweimal im Jahr mit Ihrem Hund zur Altersvorsorgeuntersuchung zu Ihrem Tierarzt.

Grapefruit, Orange, Geranium und Muskatellersalbei empfehlenswert, denn sie haben auf den gesamten Organismus eine stärkende und aufbauende Wirkung.

Mit alternativen Heilmethoden zu neuer Lebensqualität

Bei manchen Altersbeschwerden können Hunden unterschiedliche Verfahren aus der Naturheilkunde helfen. So hält die Homöopathie mit Präparaten wie Echinacea zur Stärkung der Abwehrkräfte, Crataegus zur Anregung und Stabilisierung der Herztätigkeit und Vermiculite gegen Zahnstein und Zahnfleischentzündungen bewährte Mittel bereit. Bachblüten helfen bei Tieren mit altersbedingten Wesensveränderungen. Um das richtige Präparat für Ihren Hund zu finden, besprechen Sie sich am besten mit einem naturheilkundlich erfahrenen Tierarzt. In der Schmerztherapie erzielt die Akupunktur sehr gute Erfolge. Schmerzmittel lassen sich dadurch meist deutlich reduzieren, manchmal werden sie sogar gänzlich überflüssig. Die Akupressur ist eine Abwandlung der Akupunktur; hier ersetzen die Berührung und der Druck der Finger die Nadeln. Dies wirkt sich nicht nur sehr positiv und entspannend auf den Körper aus, sondern auch auf die Seele des Vierbeiners.

Einfache Hausmittel tun Ihrem Hundesenior ebenfalls gut. Leidet Ihre Bulldogge beispielsweise an Rheuma, legen Sie eine Wärmflasche oder ein erwärmtes Dinkel- oder Kirschkernkissen in den Hundekorb; ein auf diese Weise vorgewärmtes Körbchen wirkt sich

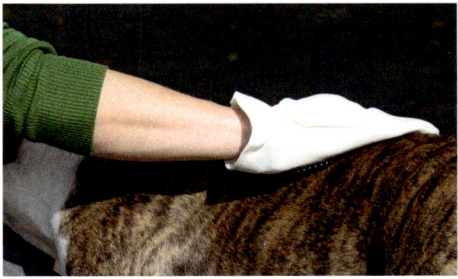

Verwöhnen Sie Ihren Senior doch mal mit einigen Anwendungen aus dem Wellnessbereich.

auch bei Hunden mit Gelenkproblemen sehr positiv aus.

Bekommt Ihr vierbeiniger Senior nach einer längeren Wanderung Muskelkater, schaffen Einreibungen und Umschläge mit Arnikasalbe oder verdünnter -tinktur Erleichterung. In der kalten Jahreszeit bewährt sich diese Behandlung ebenfalls bei älteren Hunden mit rheumatischen Muskel- oder Gelenkbeschwerden.

Ein weiteres sehr breites Heilungsspektrum bietet die Physiotherapie, die neben spezieller Krankengymnastik diverse Wasser-, Massage- und Magnetfeldtherapien beinhaltet. Lassen Sie also Ihren vierbeinigen Senior im Fall der Fälle neben dem eigenen Verwöhnprogramm auch von den therapeutischen Fortschritten der Tiermedizin profitieren. Er hat es sich nach Jahren treuer Freundschaft redlich verdient!

Ernährung

Im Alter ist eine entsprechend den Veränderungen des Stoffwechsels angepasste Ernährung wichtig. Stellen Sie Ihre Bulldogge langsam auf eine leichtere, energieärmere Nahrung umstellen, damit sie nicht übergewichtig und dadurch zusätzlich träge wird; immerhin sinkt der Energiebedarf Ihres Hundes im Alter um etwa 20 %. Füttern Sie nun zwei- bis dreimal am Tag, denn mehrere kleine Portionen sind leichter zu verdauen als eine Große. Achten Sie unbedingt auf die Linie Ihrer Englischen Bulldogge, denn schlanke Hunde sind gesünder und leben länger. Im Fachhandel bekommen Sie spezielles Seniorfutter, das extra auf die Bedürfnisse und den verlangsamten Stoffwechsel alter Hunde abgestimmt ist. Für diverse Erkrankungen gibt es im Zoofachhandel oder bei Ihrem Tierarzt genau abgestimmte Diätfutter. Allgemein sollte Seniorfutter besonders schmackhaft und hochverdaulich sein.

Physiotherapie für daheim

✓ Lassen Sie Ihren Hund abwechselnd Pfötchen geben: Dies löst Verspannungen im Schulterbereich und stärkt gleichzeitig die Muskulatur.

✓ Ein mehrmaliges „Sitz" und „Steh" im Wechsel entspricht den menschlichen Kniebeugen. Dadurch wird mehr Muskulatur in der Hinterhand aufgebaut.

✓ Pumpen Sie eine stoffbezogene Luftmatratze nicht ganz prall auf. Nun stellen Sie sich und Ihren Hund darauf und treten leicht auf der Stelle. Diese flexible Unterlage fördert den Gleichgewichtssinn Ihrer Bulldogge und wirkt muskelaufbauend.

✓ Ein Slalom durch Ihre Beine ist für Ihren Vierbeiner eine gute Dehnübung, da sich der gesamte Hundekörper dabei beidseitig leicht u-förmig dehnt.

✓ Ein kleiner Cavaletti-Lauf fördert die Konzentration, die Koordination und den Aufbau der Beinmuskulatur. Legen Sie hierfür eine Leiter oder einige Besenstiele etwas erhöht auf den Boden und achten Sie darauf, dass Ihr bellender Gefährte ganz exakt und langsam eine Pfote nach der anderen in die Sprossenzwischenräume setzt.

Bitte vergessen Sie bei all diesen Übungen nicht ausgiebiges Loben und Leckerlis zur Belohnung, schließlich soll auch eine Physiotherapie Spaß machen!

Was ändert sich im Alter?

Füttern Sie Ihrem Senior schmackhaftes und leicht verdauliches Futter.

Geben Sie keine Nahrungsergänzungsmittel (Vitamine, Mineralstoffe), ohne es vorher mit Ihrem Tierarzt abgesprochen zu haben, denn auch Vitamine oder Mineralien können überdosiert schaden. Täglich frisches Trinkwasser darf natürlich nicht fehlen. Hat Ihr Hund deutlich weniger Durst, stellen Sie ihn auf Nassfutter (Dosenfutter) um oder mischen Sie seinem herkömmlichen Futter zusätzlich Wasser bei, damit er nach wie vor ausreichend mit Flüssigkeit versorgt wird.

Stecken Sie Ihrem Vierbeiner keine Süßigkeiten und Essensreste zu. Dies wäre falsch verstandenes Verwöhnen und schadet älteren Hunden besonders. Belohnen Sie nur mit echten Hundeleckerlis; inzwischen gibt es sogar schon Leckereien in Senior- oder Lightqualität.

Leckerli-Spaß für betagte Vierbeiner

Mit folgendem Leckerli-Rezept können Sie Ihren bellenden Rentner mal so richtig verwöhnen:
Sie benötigen folgende Zutaten:
> *100 g feine Senior-Hundeflocken*
> *2 Eier*
> *4 TL Senior-Dosenfutter*

Alle Zutaten werden in einer Schüssel zu einem Teig verarbeitet. Daraus formen Sie kleine Bällchen, legen diese auf ein mit Backpapier ausgelegtes Backblech und lassen sie ca. 35 Minuten bei 175 °C im bereits vorgeheizten Backofen fest werden. Dieses Rezept ist für jeden Hundetyp geeignet, denn ganz gleich, ob er Diätfutter braucht oder in Bezug auf Leckerli besonders wählerisch ist, Sie können dafür Ihr ganz alltägliches Hundefutter verwenden. Füttern Sie normalerweise keine feinen Flocken, sondern gröberes Futter, wird dies vorher einfach in einer Küchenmaschine zerkleinert.

Damit der Spaß komplett wird, kann sich der Vierbeiner seine „Plätzchen" erarbeiten; dazu darf natürlich die richtige Verpackung nicht fehlen. Hier empfiehlt sich beispielsweise eine kleine Papiertüte oder ein ausrangiertes Stofftaschentuch. Aber auch ein alter Socken birgt, mit den Leckerlis gefüllt, einen großen Auspackspaß für den Hund und ist, geleert, anschließend auch noch ein tolles Spielzeug. Eine weitere geeignete Verpackung ist eine kleine Schachtel, beispielsweise von einer Glühbirne, oder einfach nur altes Zeitungspapier.

Abschied

Leider währt ein Hundeleben nicht ewig und so ist auch irgendwann nach Jahren des gemeinsamen Zusammenlebens die Zeit des Abschieds gekommen. Manche Senioren schlafen einfach friedlich ein. Oft wird der Hundebesitzer jedoch in die verantwortungsvolle Pflicht genommen, über Leben und Tod des Hundes selbst zu entscheiden. Leidet Ihr

> **Extra-Tipp**
> *Füttern Sie im Sommer nicht in der größten Mittagshitze: ein voller Bauch wirkt bei großer Hitze zusätzlich kreislaufbelastend. Lassen Sie Ihren Senior nach dem Fressen mindestens 1 Stunde ruhen.*

Irgendwann nach vielen gemeinsamen Jahren kommt die Zeit des Abschieds – leider währt ein Hundeleben nicht ewig. Vielleicht geben Sie ja irgendwann einem neuen Hund eine Chance ...

Bulldog und wird ihm das Leben zur Qual, weil selbst die Tiermedizin an ihre Grenzen kommt und ihr seine Schmerzen nicht mehr nehmen kann, ist es an der Zeit, ihn von seinem Leiden zu erlösen. In der Regel kommt ein Tierarzt hierfür auch zu Ihnen nach Hause,

Der endgültige Abschied von dem geliebten vierbeinigen Freund ist besonders schwer.

Tierbestattungen

Adressen von Tierfriedhöfen und -krematorien in Ihrer Nähe bekommen Sie über den Bundesverband der Tierbestatter e. V.:
www.tierbestatter-bundesverband.de
Eventuell können Ihnen aber auch Ihr Tierarzt oder der örtliche Tierschutzverein weiterhelfen.

damit dem gebrechlichen Vierbeiner weiterer Stress durch einen unnötigen Transport erspart bleibt und er in seiner gewohnten Umgebung ruhig für immer einschlafen darf.

Natürlich ist der Abschied von Ihrem langjährigen, treuen Begleiter mit großer Trauer verbunden. Haben Sie sich jedoch sein Hundeleben lang auf seine Bedürfnisse eingestellt und waren Sie in guten wie in schlechten Zeiten für ihn da, ist die Gewissheit eines erfüllten, schönen Hundelebens, das Ihre Bulldogge bei Ihnen hatte, vielleicht ein kleiner Trost. Da die Trauer um einen geliebten Vierbeiner nicht zu unterschätzen ist, gibt es inzwischen in vielen Orten Tierfriedhöfe oder -krematorien, die durch einen ganz bewussten Abschied und einen festen Ort der Trauer, den man jeder Zeit besuchen kann, die Trauerarbeit und das Loslassen erleichtern.

Selbstverständlich wird Ihre verstorbener Englische Bulldogge unersetzlich bleiben, trotzdem stellt sich Ihnen nach einiger Zeit vielleicht wieder die Frage nach einem neuen Hund. Stimmen auch dann noch alle Voraussetzungen für eine Anschaffung, ehren Sie das Andenken an Ihren Vierbeiner, indem Sie sich einen neuen Bulldog anschaffen. Aber machen Sie nicht den Fehler, ihn mit Ihrem vorigen Hund zu vergleichen. Jeder Vierbeiner ist absolut einmalig und auf seine ganz eigene Weise liebenswert.

Hilfreiche Adressen und Links

Rassezuchtvereine Deutschland

Allgemeiner Club für Englische Bulldogs e. V.
Sabrina Becker (Zuchtbuchamt und Welpenvermittlung)
Brunnenweg 11
D-31249 Hohenhameln
Tel: 05128-40 95 88
Fax: 03212-115 27 90
www.aceb-ev.de

Österreich

Österreichischer Bulldog-Klub
Susanne Russwurm
(Welpenvermittlung)
Weissenböckstr. 4/33/1
A-1110 Wien
Tel: 0043-(0)1-767 29 47 oder
0699-81 37 29 73
www.bulldog.or.at

Schweiz

Schweizer Club für English Bulldogs
Elsa Andina (Welpenvermittlung)
Wiesenstrasse 31
CH-8953 Dietikon
Tel / Fax: 0041-(0)44 740 69 00
www.bulldog.ch

Kynologenverbände

Verband für das Deutsche Hundewesen (VDH)
Westfalendamm 174
(Geschäftsstelle)
D-44141 Dortmund
Tel: 0231-565 00-0
Fax: 0231-59 24 40
www.vdh.de

Österreichischer Kynologenverband (ÖKV)
Siegfried-Marcus-Str. 7
(Geschäftsstelle)
A-2362 Biedermannsdorf
Tel: 0043-(0)2236-71 06 67
Fax: 0043-(0)02236-71 06 67-30
www.oekv.at

Schweizerische Kynologische Gesellschaft (SKG)
Brunnmattstrasse 24
(Geschäftsstelle)
CH-3007 Bern
Tel: 0041-(0)31-306 62 62
Fax: 0041-(0)31-306 62 60
www.hundeweb.org

Haustierregister

Deutscher Tierschutzbund e. V.
Baumschulallee 15
(Geschäftsstelle)
D-53115 Bonn
Tel: 0228-60 49 60
Fax: 0228-60 49 640
www.tierschutzbund.de

TASSO e. V.
Haustierzentralregister
Frankfurter Straße 20
D-65795 Hattersheim
Tel: 06190-93 73 00
Fax: 06190-93 74 00
www.tiernotruf.org

Internationale Zentrale Tierregistrierung (IFTA)
Nördliche Ringstraße 10
D-91126 Schwabach
Tel: 00800-43 82 00 00
Fax: 09122-88 51 989
www.tierregistrierung.de

Interessante Links zu Internetseiten rund um den Hund:
www.partner-hund.de
www.hundefinder.de/hundeschulen
www.ferien-mit-hund.de
www.flughund.de
www.haustierratgeber.de

Der Verlag ist nicht für den Inhalt von Internetseiten und deren Links verantwortlich.

Dank

Mein herzlicher Dank gilt Martina Dörr und Ihrem Zwinger „Off Road Bulldogs" (www.off-road-bulldogs.de) für die fachliche Mitarbeit und Beratung sowie die zur Verfügungstellung von diversen Fotoaufnahmen. Ein großer Dank geht außerdem an Karin van Klaveren (www.kvk-fotografie.de und www.kisangani.de) für ihre einmaligen, direkt aus dem Leben gegriffenen Fotos. Ihre Bilder stellen immer wieder eine große Bereicherung für die Premium-Ratgeber-Reihe dar.

„Tierfotografie Brinkmann" (www.brinkmanntierfoto.de) und allen zwei- und vierbeinigen Modells möchte ich für die professionelle Bebilderung danken, die sehr zur Lebendigkeit dieses Buches beiträgt.

Der Firma Trixie danke ich für die freundliche Bereitstellung sämtlichen Hundezubehörs und Vroni Reisinger für die fotografische Unterstützung.

Ein weiteres dickes Dankeschön geht an Ingrid Heindl (www.tierphysiotherapie-bayern.de) und Dr. med. vet. Susanne Winhart: ihr fachlicher und persönlicher Rat war mir bei der Erstellung des Skriptes eine große Hilfe.

Außerdem danke ich ganz besonders Familie Schmitt und Tobias Volg für ihren steten Rückhalt in allen Fragen und Bereichen sowie meinen Redaktionshunden „Luzie" und „Peggy" für ihr beruhigendes Schnarchen während meiner Arbeit und unsere gemeinsamen, entspannenden Spaziergänge und Spielrunden zwischendurch.

Bildnachweis

Alle Bilder Bernd Brinkmann
Außer:
bede-Archiv, Seite: 77 Mitte
Martina Dörr, Seiten: 10, 11 unten, 16, 28 unten, 30 unten, 38 oben, 49 oben, 50(2), 71 oben rechts, 80 unten, 85, 88(2), 90 unten, 93, 94 unten, 104 unten, 108 oben
Isabelle Francais, Seiten: 5, 6 oben, 7 oben, 8 oben, 9, 12 rechts, 13 unten rechts, 18 oben rechts, 19(2), 20, 21, 24(2), 31 unten, 38 unten, 43(2), 44, 46 oben, 54 oben, 55 unten, 62 oben, 67, 81, 91 oben, 95, 97, 99, 100 oben links, 107(2), 109 unten, 113, 114
Karin van Klaveren, Seiten: 8 unten, 13(2), 18 unten, 27 oben, 28 oben, 34 oben, 47 oben, 54 unten, 63 unten, 64, 78, 80 oben, 87 oben rechts, 106 links, 112 unten, 122 unten
Annette Schmitt, Seiten: 71 unten, 72 unten rechts, 73 unten, 77 unten, 116 unten, 120 oben
Christine Steimer, Seiten: 100 unten, 105
Trixie, Seiten: 34(2), 36(4), 37(2), 48(2), 49(1), 57(2), 69(2), 70(1), 109(1)

Register

Abenteuerspielplatz 44, 48
Agility 20, 85
Akupressur 72, 73, 119
Alleinbleiben 55
Altersbeschwerden 119
Augenpflege 68
Auto 35, 46, 69, 98
Bachblüten 52, 71, 119
Begleithundeprüfung 84
Bellen 59
Beschäftigungstipps 56, 84, 117
Betteln 58, 79
Bleib 61
Dogdancing 86
Eingewöhnung 27, 31, 42
Entwurmung 70, 105
Erste Hilfe 95
Fährtenarbeit 87
Fahrradtour 88
Fellpflege 35, 67
Flegelphase 38, 57
Futterklau 58
Futterumstellung 41, 78
Fütterung 43, 78
Grundkommandos 60
Hausapotheke 106
Hier 63
Homöopathie 71, 110, 119
Hundepension 96, 101
Hundeschule 27, 43, 50
Hundesport 84, 88
Impfungen 70, 105
Junghund 38, 57
Kastration 29, 30
Knabberspielsachen 58
Krankheiten 107
Läufigkeit 30
Lebenserwartung 23
Leckerli 48, 54, 77, 79, 121
Leinenführigkeit 53, 54, 81
Lob 64
Magendrehung 79, 90, 91
Massage 72, 73, 118

Mobility 87
Ohrenpflege 68
Osteopathie 112
Pfotenpflege 68
Phytotherapie 111
Platz 61
Reiseapotheke 100
Schlafplatz 35, 70
Schnüffelspiele 93, 117
Seniorfutter 120
Seniorhund 114
Sitz 60
Spielen 48, 89, 92, 114, 117
Spielzeug 35, 36, 94

Springen auf Möbel 59
Stubenreinheit 51
Tierbestattungen 122
Tierheimhund 31, 42
Trickdogging 86
Unsauberkeit 52
Verhaltensauffälligkeiten 29, 64
Verhütung 29
Welpe 26, 41, 67, 89, 105
Welpenfutter 35
Zahnkontrolle 69, 119
Zahnwechsel 69
Zubehör 34
Züchter 32, 41, 101

Hinweis: Die in diesem Buch enthaltenen Empfehlungen und Angaben sind von den Autoren mit größter Sorgfalt zusammengestellt und geprüft worden. Eine Garantie für die Richtigkeit der Angaben kann aber nicht gegeben werden. Autoren und Verlag übernehmen keinerlei Haftung für Schäden und Unfälle. Der Leser sollte bei der Anwendung der in diesem Buch enthaltenen Empfehlungen sein persönliches Urteilsvermögen einsetzen.

Impressum

Bibliografische Information der Deutschen Nationalbibliothek
Die Deutsche Nationalbibliothek verzeichnet diese Publikation in der Deutschen Nationalbibliografie; detaillierte bibliografische Daten sind im Internet über http://dnb.d-nb.de abrufbar.

Das Werk einschließlich aller seiner Teile ist urheberrechtlich geschützt. Jede Verwertung außerhalb der engen Grenzen des Urheberrechtsgesetzes ist ohne Zustimmung des Verlages unzulässig und strafbar. Das gilt insbesondere für Vervielfältigungen, Übersetzungen, Mikroverfilmungen und die Einspeicherung und Verarbeitung in elektronischen Systemen.

© 2010 Eugen Ulmer KG
Wollgrasweg 41, 70599 Stuttgart (Hohenheim)
E-Mail: info@ulmer.de
Internet: www.ulmer.de
Umschlagentwurf: Sojus Design, Kai Twelbeck, Stuttgart
Titelfoto: Juniors Bildarchiv/Biosphoto/J.-M. Labat & F. Roquette
Repro: Timeray, Herrenberg
Druck und Bindung: Firmengruppe Appl, aprinta Druck, Wemding, Germany
Printed in Germany

ISBN 978-3-8001-6727-2

Auf den Hund gekommen?

Der Hund gilt zu Recht als der „treue Gefährte" des Menschen. Damit Sie sich mit Ihrem vierbeinigen Freund noch besser verstehen, bietet der Verlag Eugen Ulmer herausragende Fachliteratur von Spezialisten.

Die Welpenschule.
Der sanfte Weg zum Familienhund.

Celina del Amo
3. Aufl. 2010. 112 S., 60 Farbf., 4 Zeichn., Klappenbroschur.
ISBN 978-3-8001-5956-7.

Apportierspiele.
Dummyarbeit Schritt für Schritt.

Lynn Hesel
2009. 96 S., 77 Farbf., kart.
ISBN 978-3-8001-5796-9.

Spaßschule für Hunde.
100 x spielen, tricksen, clickern.

Celina del Amo
2., überarbeitete Aufl. 2009.
127 S., 53 Farbf., 20 Zeichn., kart.
ISBN 978-3-8001-5662-7.

Das 4-Wochen Erziehungsprogramm für Hunde.
Tag für Tag - Schritt für Schritt.

Ophelia Nick
2010. 96 S., 73 Farbf., Klappenbroschur.
ISBN 978-3-8001-5906-2.

Homöopathie für Hunde.

Vera Misol, Gabi Franz
2008. 96 S., kart.
ISBN 978-3-8001-5481-4.

www.ulmer.de

Tierisch gute Hundebücher.

Wer seine Leidenschaft für Hunde entdeckt hat, schätzt hier die interessanten und anregenden Informationen rund um den treuen Vierbeiner. Der Verlag Eugen Ulmer bietet Ihnen Fakten von A-Z.

Das große Ulmer Hundebuch.

Heike Schmidt-Röger
2008. 272 S., 280 Farbf., geb.
ISBN 978-3-8001-5376-3

Körpersprache des Hundes.

Frauke Ohl
2., erweiterte Aufl. 2006. 104 S.,
65 Farbf., 22 Zeichn., geb.
ISBN 978-3-8001-4926-1.

400 Hunderassen von A-Z.

Gabriele Lehari
2009. 255 S., 400 Farbf., geb.
ISBN 978-3-8001-5661-0.

Hunde pflegen.

Einfach - richtig - schön.

Anna Laukner
2009. 64 S., 70 Farbf., kart.
ISBN 978-3-8001-5795-2.

Ganz nah dran.

Hundeschule im Klartext ...

... für eine optimale Kommunikation zwischen Mensch und Tier.

Hundeschule.
Step by Step zum folgsamen Familienhund.

Celina del Amo, Dieter Kothe
2., überarbeitete Aufl. 2007.
128 S., 259 Farbf., 3 Zeich., geb.
ISBN 978-3-8001-5572-9.

Massage und Physiotherapie bei Hunden.
Beweglichkeit verbessern und Schmerzen lindern.

Alexandra Mauring, Günter M. Lutsch
2007. 76 S., 53 Farbf., 6 Zeich., geb.
ISBN 978-3-8001-4996-4.

Dogdance.
Schritt für Schritt vom Trick zur Kür

Celina del Amo
2009. 104 S., 60 Farbf., 29 Zeichn., Klappenbroschur.
ISBN 978-3-8001-5697-9.

Agility.
Spaß und Sport im Team

Elke Calmbacher
2008. 136 S., 79 Farbf., 41 Farbzeichn., geb.
ISBN 978-3-8001-5480-7.

www.ulmer.de